全国中等职业学校机械类专业通用

全国技工院校机械类专业通用（中级技能层级）

冷作工工艺学（第五版）
习题册

郑文杰 主编

中国劳动社会保障出版社

简介

本习题册是全国中等职业学校机械类专业通用教材/全国技工院校机械类专业通用教材《冷作工工艺学（第五版）》的配套用书。本习题册紧扣教学要求，按照教材章节顺序编排，知识点分布均衡，题型丰富多样，难易配置适当，有助于学生复习巩固所学知识。

本习题册由郑文杰主编，常明、杨光刚、代野、王大明参加编写。

图书在版编目(CIP)数据

冷作工工艺学（第五版）习题册 / 郑文杰主编. -- 北京：中国劳动社会保障出版社，2020

全国中等职业学校机械类专业通用　全国技工院校机械类专业通用. 中级技能层级

ISBN 978－7－5167－4469－7

Ⅰ.①冷…　Ⅱ.①郑…　Ⅲ.①冷加工-工艺学-中等专业学校-习题集　Ⅳ.①TG386－44

中国版本图书馆 CIP 数据核字(2020)第 075794 号

中国劳动社会保障出版社出版发行

（北京市惠新东街 1 号　邮政编码：100029）

*

三河市潮河印业有限公司印刷装订　　新华书店经销

787 毫米×1092 毫米　16 开本　8.25 印张　194 千字

2020 年 6 月第 1 版　　2024 年 11 月第 3 次印刷

定价：15.00 元

营销中心电话：400-606-6496

出版社网址：http://www.class.com.cn

http://jg.class.com.cn

目　录

绪 论

一、填空题（将正确答案填写在横线上）

1．金属结构按所用材料的不同可分为____________、____________和____________，其中____________为数较多。

2．金属结构的主要形式有____________、____________、____________和____________。

3．桁架结构是以____________为主体制造的结构。

4．容器结构是以____________为主体制造的结构。

5．箱体结构和一般结构是以____________和____________混合制造的结构。

6．金属结构的连接方法主要有____________、____________、____________和____________。

7．由于焊接技术的高速发展，采用________连接的金属结构越来越多，而采用________连接的金属结构越来越少。

8．冷作工操作的基本工序有____________、____________、____________、____________、____________、____________、____________等。

9．冷作工操作工序中的备料主要是指____________和____________的准备。

10．冷作工操作工序中的放样是根据________画出放样图，再根据放样图确定产品或零件的________和________，同时获取产品制造所需要的________、________、________等。

11．冷作工操作工序中的加工成形就是用__________、__________、__________等方法，把________从_______上分离下来，然后利用__________、__________、________等成形方法，将坯料加工成一定的形状。

12．冷作工操作工序中的装配连接是将加工好的零件组装成________或________，并用适当的方法连接成________。

二、选择题（将正确答案的代号填入括号内）

1．下列金属结构中，（　　）属于容器结构。

A．桥梁　　B．锅炉　　C．船舶

2．下列金属结构中，（　　）属于桁架结构。

A．桥梁　　B．锅炉　　C．船舶

3．下列金属结构中，（　　）属于一般结构。

A．桥梁　　B．锅炉　　C．船舶

三、判断题（正确的打“√”，错误的打“×”）

1．随着焊接技术的高速发展，目前，焊接技术已经取代了铆接技术，铆接技术已被

淘汰。 (　　)

2. 钢结构与铸件、锻件相比，设计的灵活性较小。 (　　)

3. 钢结构可按受力和工作情况，在结构的不同部位选择不同强度、耐磨性、耐腐蚀性、耐高温性等的材料。 (　　)

4. 钢结构中各部位板料的厚度不能相差过大。 (　　)

5. 冷作工生产出的产品通常是单一、定型的。 (　　)

6. 到目前为止，手工操作仍在冷作技术中占有很大比例。 (　　)

四、简答题

1. 什么是冷作工艺？什么是冷作工？

2. 金属结构具有哪些特点？

3. 冷作工操作的基本工序有哪些？若按工序性质划分可分为哪几个部分？

4. 锅炉、桥梁、屋架、油罐和机架分别属于哪种金属结构形式？

第一章 冷作识图

§1—1 冷作识图基础知识

一、填空题（将正确答案填写在横线上）

1．一般冷作图样由________、________和________等组成，图样较多、较复杂。

2．冷作构件的________和________相差较大，造成图样上轮廓结合处的线条密集，其细节部分往往很难表达，所以图样中________、________、________、________等较多。

3．一般冷作图样上只标出主要的技术尺寸，有些零件的尺寸没有标出，只有通过________或________才能确定。

4．冷作图样中________、________较多，尤其是在锅炉、压力容器、管路图中更是常见。

5．冷作图样的表达方法有________和________两种。

6．焊缝符号可以表示出________、________及________、________特征、焊缝某些特征或其他要求。

7．完整的焊缝符号包括________、________、________、________及数据等。

8．为了简化焊接方法的标注和说明，国家标准规定了用阿拉伯数字表示金属________及______方法的代号。

二、选择题（将正确答案的代号填入括号内）

1．常用焊接方法代号（　　）表示焊条电弧焊。

A．111　　B．112　　C．113

2．当焊缝分布比较简单时，（　　）画出焊缝。

A．必须　　B．不能　　C．可不必

3．确定焊缝位置的尺寸（　　）焊缝符号中标注。

A．应在　　B．不在　　C．可以在

4．焊缝符号和焊接方法代号是一种工程界语言，它是由（　　）规定的。

A．企业　　B．国家标准　　C．施工者

三、判断题（正确的打“√”，错误的打“×”）

1．冷作产品的主要连接方式是焊接，所以在冷作图样中会有许多焊接要求，如焊缝符

号、焊接方法代号的标注等。（　　）

2. 冷作图样中的标准件很多，非标准件较少。（　　）

3. 冷作图样中表面粗糙度符号、几何公差符号较少。（　　）

4. 确定焊缝位置的尺寸应在焊缝符号中标注，不应将其标注在图样上。（　　）

5. 塞焊缝、槽焊缝带有斜边时，应标注其底部的尺寸。（　　）

6. 焊缝符号表示的是焊缝位置。（　　）

四、简答题

1. 简述冷作图样的特点。

2. 焊接符号中的基本符号与基准线的相对位置是怎样的？

3. 说明图 1－1 中焊接符号所表示的含义。

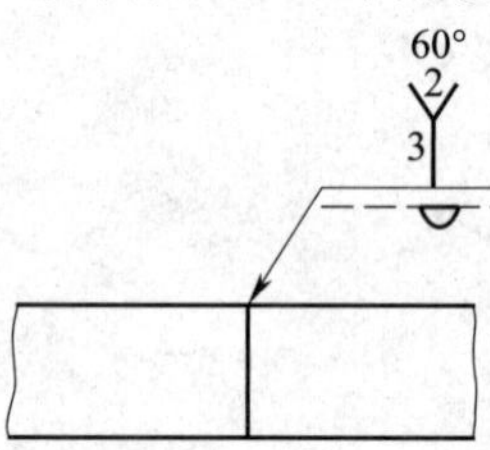

图 1－1

4. 说明图 1－2 中焊接符号所表示的含义。

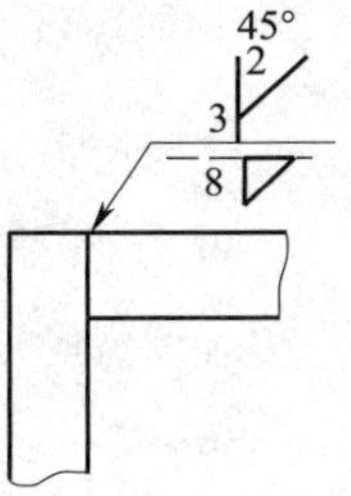

图 1－2

5. 说明图 1－3 中焊接符号所表示的含义。

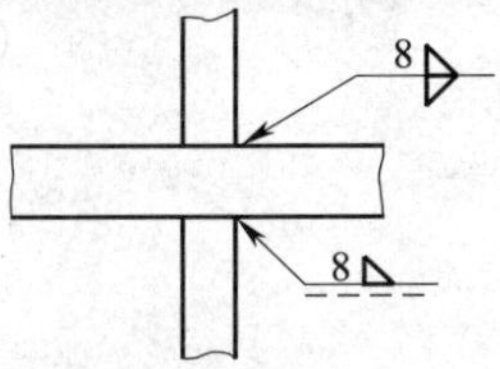

图 1－3

§1—2　典型冷作产品结构图

一、填空题（将正确答案填写在横线上）

1. 桁架结构是由________________组合连接而成的结构。

2. 桁架结构图一般来讲比较复杂，主要包括构件的________________和____________。

3. 板架结构属于____________，所以要求板架结构应具有足够的____________。

4. 容器结构是以____________为主体制造的结构，如油罐、塔、压力容器等，而且以________结构为多，有色金属结构较少。

5. 管道是所有管线的统称。管线是由____________、____________、____________等基本单元组成的。

6. 常见的管道施工图是____________和____________。

7. 管道布置图应注明各类管道的____________、____________、____________和____________以及管件等。

8. 管道施工图有______________和______________的画法，同时有______________和______________等多种图示法。

二、选择题（将正确答案的代号填入括号内）

1. 在标高的标注方法中，除注明外，管道一般标注管（　　）的标高。

A. 上端　　　B. 中心　　　C. 下端

2. 焊缝尺寸符号中的 t 表示（　　）。

A. 工件厚度　　B. 工件宽度　　C. 工件长度

3. 常用焊缝尺寸符号中的 K 表示（　　）。

A. 焊缝宽度　　B. 焊脚尺寸　　C. 工件厚度

4. 常用焊缝尺寸符号中的 h 表示（　　）。

A. 焊缝宽度　　B. 焊脚尺寸　　C. 余高

三、判断题（正确的打“√”，错误的打“×”）

1. 管道施工图就是管道布置图。（　　）

2. 管道布置图应有平面图和立面图。（　　）

3. 管径的标注方法规定：对无缝钢管或有色金属管道，应标注公称直径“DN”；对水、煤气等其他输送管线，应标注“外径×壁厚”。（　　）

四、简答题

1. 简述冷作识图的基本方法。

2. 桁架结构图有哪些特点？

3. 简述板架结构识图、读图的步骤。

4. 简述管道轴测图的表示方法。

5. 容器结构图样有哪些特点？

第二章　放样与号料

§2—1　放　　样

一、填空题（将正确答案填写在横线上）

1．放样是制造金属结构的________工序，它对保证____________、缩短____________、________原材料等都有重要影响。

2．金属结构的放样一般要经过____________、____________、____________三个过程。

3．结构处理主要是考虑原设计结构从________角度看是否________、________，并处理因受到所用____________、____________和____________等因素影响而出现的结构问题。

4．结构处理涉及面较广，有时还很________，需要操作者有较为丰富的________和________，并对相关专业________知识有所________。

5．结构处理中要考虑的问题是多种多样的，操作者要根据产品的________和________妥善解决。

6．在冷作工生产实践中，形成了以________放样为主的多种放样方法。

7．实尺放样就是采用________的比例放样。

8．放样画线基准就是放样画线时用以确定其他________、________、________空间位置的依据。

9．图样上确定点、线、面相对位置的基准称为____________。

10．放样画线基准通常与________基准是一致的。

11．较短的基准线可以直接用________或________画出，而对于外形尺寸长达几十米甚至超过百米的大型金属结构，则需用拉钢丝配合____________或____________的方法画出基准线。

12．画好基准线后，还要经过必要的________，并标注规定的________。

13．进行线型放样时，必须严格遵循______________规律，以画出设计要求必须保证的________为主，而那些因________而可能变动的线型则可________不画。

14．展开放样是在________放样的基础上，对不反映____________或需要____________的部件进行展开，以求取________的过程。

15．展开放样的具体过程是____________、____________和根据已作出的展开图制作________________。

16．按用途不同，样板分为____________、____________和____________三类。

17．成形样板是用于检验成形加工零件的____________、____________、____________及____________的样板。它又可分为____________和____________。

18. 卡形样板主要用于检查弯形件的________和________。

19. 验形样板主要用于成形加工后检查零件整体或某一局部的________和________。

20. 定位样板用于确定构件之间的________和各种孔口的________和________。

21. 样杆主要用于________，有时也用于简单零件的________。

22. 样板、样杆的画样方法主要有________和________两种。

23. 直接画样法即直接在样板材料上画出所求样板的________。

24. 过渡画样法又称过样法，这种方法分为________和________，多用于制作简单________零件的号料样板和一般加工样板。

25. 不覆盖过样法是通过作________或________，将实样图中零件的形状、位置引画到样板料上。

26. 覆盖过样法是事先将需要过样的图线延长到能不被________遮盖的长度，然后将样板材料覆于实样之上，利用露出的各________将实样各线画出。

27. 样板、样杆使用后应妥善保管，避免________、________，影响精度。

28. 放样误差包括________和________过程中的误差。

29. 光学放样是在实尺放样基础上发展起来的一种新工艺，它是________和________的总称。

30. 如果计算机________技术与计算机________技术相结合，可以形成一个完整的________系统。

31. 计算机放样代替了________、________、________等绘图工具，大大降低了劳动强度，提高了放样的________和________。

二、选择题（将正确答案的代号填入括号内）

1. 在平面上确定几何要素的位置需要两个独立坐标，所以放样画线时每个图要选取（　　）个基准。

A. 1　　B. 2　　C. 3

2. 放样时，有许多线条要画，通常是以（　　）开始的。

A. 垂线　　B. 平行线　　C. 基准

3. 放样画线基准通常与（　　）一致。

A. 测量基准　　B. 设计基准　　C. 装配基准

4. 用于成形加工后检查零件整体或某一局部的形状和尺寸的样板属于（　　）样板。

A. 成形　　B. 验形　　C. 卡形

5. 在制作圆弧工件的卡形样板时，（　　）是样板标注必不可少的内容。

A. 产品代号　　B. 材料牌号　　C. 弯形半径

6. 样杆主要用于（　　）。

A. 定位　　B. 号料　　C. 检验

7. 放样时都会出现放样误差，位置线的放样允许误差值一般为（　　）mm。

A. ±1　　B. ±(0.5～1)　　C. ±0.5

三、判断题（正确的打“√”，错误的打“×”）

1. 放样不一定指展开放样。（　　）

2．所有金属结构的放样都包括线型放样、结构放样和展开放样三个过程。（　）

3．放样图与施工图是完全一样的，只不过一个画在平台上，一个画在图纸上。（　）

4．丰富的专业知识和实践经验对放样中的结构处理环节起着决定性作用。（　）

5．线型放样时，要把施工图上的所有线条都画上。（　）

6．在物体的几何要素中，只有直线和平面可以作为基准，曲线和曲面不可用作基准。（　）

7．度量尺寸时，先要确定一个起点，这个起点就是基准。（　）

8．实尺放样是按 1∶1 的比例进行的，但尺寸过大时也可以缩小比例。（　）

9．不论是使用划针还是石笔划线，其与划线平面的倾斜角度都应保持一致。（　）

10．90°角尺虽然属于常用的量具，但也要经常进行检验。（　）

11．制作样板必须要和图样的尺寸一致。（　）

12．冷作工画较长的垂直线时可以直接用量角器或 90°角尺画出。（　）

13．样杆一般用扁钢条或铅条制作，木质样杆也常有应用，但木条必须干燥，以防止收缩变形。（　）

14．在实际生产中，要确定每一个构件的实际尺寸就需要放样。（　）

15．结构处理中要考虑的问题是多种多样的，操作者要根据产品的具体情况和工厂条件妥善解决。（　）

16．卡形样板主要用于检查弯形件的形状和尺寸。（　）

17．光学放样法的典型应用领域就是造船业。（　）

18．计算机放样应该是今后冷作工放样的发展趋势。（　）

19．光学放样仍然采用实尺放样的方法。（　）

四、简答题

1．什么是放样？

2．放样的任务有哪些？

3．什么是放样画线基准？放样画线基准应如何选择？

4．什么是线型放样？进行线型放样时要注意哪些问题？

5．什么是结构放样？结构放样包含哪些内容？

6．进行结构的工艺性处理时应注意哪些问题？

7．展开放样的具体过程有哪些？

8．样板通常分为哪几类？说明各自的用途。

9．样板、样杆的画样方法主要有哪两种？

10．什么是工艺余量？

11．确定工艺余量时主要考虑哪些因素？

12. 什么是放样允许误差？

13. 采用计算机放样在生产实践中有哪些优越性？

§2—2 号　　料

一、填空题（将正确答案填写在横线上）

1. 号料时，还要着眼于产品的整个制造工艺，充分考虑________问题，灵活准确地在各种板料、型钢及成形零件上进行________。

2. 号料前应将材料垫放平整、稳妥，既要有利于________并保证________，又要保证________且不影响他人工作。

3. 利用各种方法、技巧，合理铺排________在材料上的位置，最大限度地提高材料的________，是号料的一项重要内容。

4. 材料利用率是指________的总面积与________的总面积的比值。

5. 生产中，常采用____________、____________和____________的排料方法来达到合理用料的目的。

6. 在进行二次号料前，结构的形状必须________，消除结构存在的________，并进行精确定位。

二、选择题（将正确答案的代号填入括号内）

1. 号料时，集中套排的目的是（　　）。
   A. 提高材料的利用率
   B. 将相同的零件放在一起
   C. 将不同形状的零件放在一起

2. 材料利用率越高，（　　）。
   A. 余料越多　　　　B. 余料越少　　　　C. 零件越少

3. 分块排料法是为了（　　）。
   A. 便于切割　　　　B. 排料方便　　　　C. 提高材料的利用率

4. 大型结构二次号料前，应在现场用常规画线工具，并配合（　　）等进行二次号料画线。

A. 直角尺　　　　　　B. 线锤　　　　　　C. 经纬仪

三、判断题（正确的打“√”，错误的打“×”）

1. 放样和号料都是根据图样进行的画线操作，所以其性质相同。（ ）

2. 号料不一定只是一次号料。（ ）

3. 号料样板不允许与号孔样板混用。（ ）

4. 材料的利用率越高，则废料越少。（ ）

5. 材料的利用率是指余料的总面积与零件的总面积之比。（ ）

6. 装配定位线或结构上的某些孔口需要在零件加工后或装配过程中画出，这属于二次号料。（ ）

7. 在实际生产中，为了提高材料的利用率，常用“以小拼整”的结构，不必考虑工艺要求。（ ）

四、简答题

1. 什么是号料？

2. 金属结构件号料时的一般技术要求有哪些？

3. 型钢号料有哪些特殊之处？

4. 为什么要进行二次号料？

第三章　展开放样基础知识

§3—1　求线段实长

一、填空题（将正确答案填写在横线上）

1. 在构件的展开图上，所有图线都是构件表面上对应线段的________。

2. 线段的投影是否反映实长，要根据线段的________来判断。

3. 正投影中，________一个投影面，而________另两个投影面的线段称为垂直线。

4. 垂直线在其所垂直的投影面上的投影为________，具有________性；而在与其平行的另两个投影面上的投影反映________。

5. 正投影中，________一个投影面，而________另两个投影面的线段称为平行线。

6. 平行线在其所平行的投影面上的投影________，而在另两个投影面上的投影为________的直线段。

7. 正投影中，与三个投影面均________的线段称为一般位置直线。它在三个投影面上的投影________。

8. 平面曲线的投影是否反映实长，由该曲线所在平面的________来决定。

9. 空间曲线又称翘曲线，这种曲线上各点不在________上，它的各面投影均不反映________。

10. 求直线段的实长有________、________和________三种方法。

11. 旋转法求实长是将空间一般位置直线，绕一________投影面的固定旋转轴旋转成投影面________，则该直线在与其平行的投影面上的投影反映________。

12. 当空间线段与投影面不平行时，设法用一新的与空间线段________的投影面替换原来的________，则线段在新投影面上的投影就能反映________。

13. 换面法的移出作图形式常称为________。

二、选择题（将正确答案的代号填入括号内）

1. 位于垂直面上的曲线，在其所垂直的投影面上的投影积聚成（　　）。

A. 点　　B. 直线　　C. 曲线

2. 只有根据线段的（　　）投影，才能对其投影是否反映实长做出正确的判断。

A. 一面　　B. 一面或两面　　C. 两面或三面

3. 用旋转法求实长适用于（　　）及其组成的构件。

A. 锥体　　B. 球体　　C. 柱体

三、判断题（正确的打“√”，错误的打“×”）

1. 在三视图中，当直线垂直于某一投影面时，在另外两个投影面上的投影反映实长。（　　）

2. 在三视图中，若有一面投影平行于投影轴，则在另外两个投影中有一投影反映实长。（　　）

3. 在三视图中，当线段的两面投影都平行于投影轴时，则另一面投影反映实长。（　　）

4. 一般位置直线的三面投影中，至少有一面投影反映实长。（　　）

5. 作为冷作工，必须能够正确判断线段的投影是否反映实长，并掌握求线段实长的一些方法。（　　）

6. 在三视图中，反映实长的线段至少有一面投影平行于投影轴。（　　）

7. 位于垂直面上的平面曲线，至少有一面投影反映实长。（　　）

8. 用换面法求实长，就是设法用一新的与空间线段垂直的投影面替换原来的投影面，则线段在新投影面上的投影就能反映实长。（　　）

9. 如果柱体轴向与某个投影面垂直，那么在这个投影面上可反映出柱体轴向侧表面每条素线的实长。（　　）

四、简答题

1. 简述用直角三角形法求线段实长的作图要领。

2. 简述用旋转法求线段实长的作图要领。

3. 简述用换面法求线段实长的作图要领。

五、作图题

1．指出图 3－1 中的各线段都是什么位置的线段，并判断哪些线段反映实长，哪些线段不反映实长。

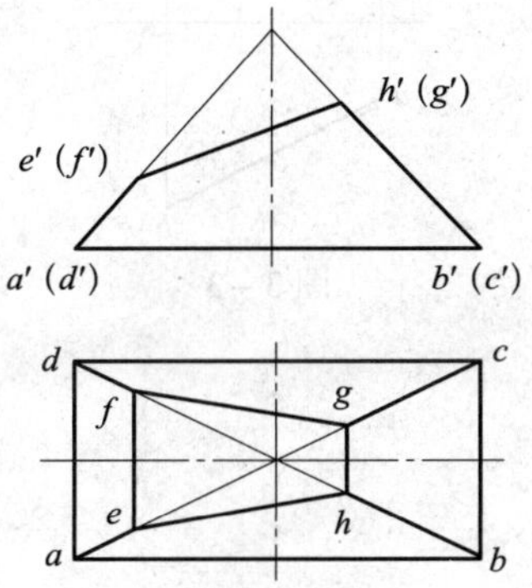

图 3－1

2．用直角三角形法求图 3－2 所示线段 *CD* 的实长。

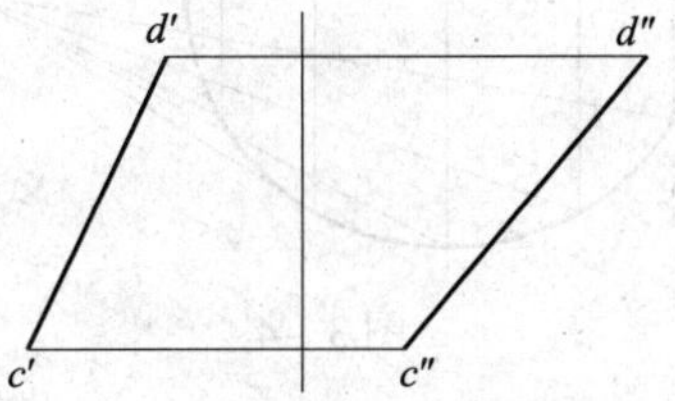

图 3－2

3. 用旋转法和换面法求图 3－3 所示线段 AB 的实长。

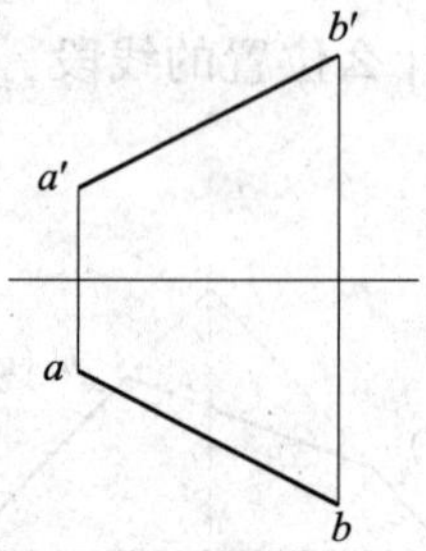

图 3－3

4. 用旋转法求出图 3－4 所示斜圆锥表面各素线的实长。

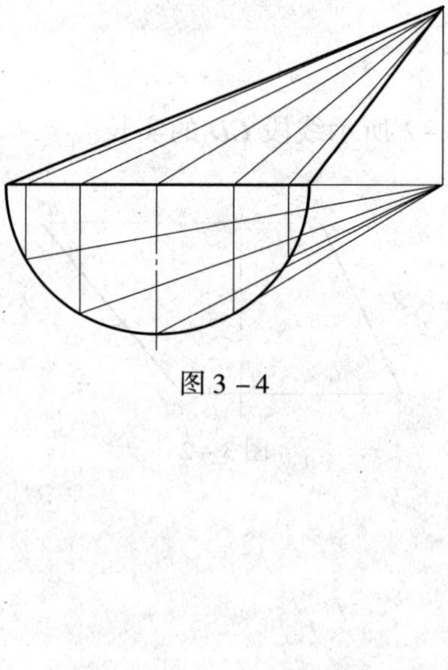

图 3－4

5. 求出图 3 - 5 所示三角形各边的实长（不能用同一种方法），并作出三角形的实形。

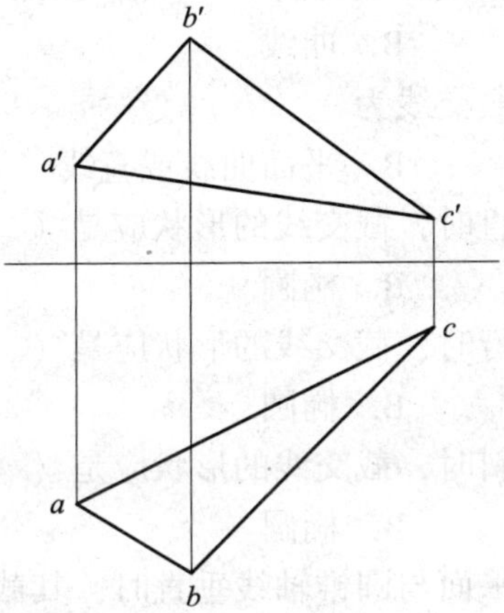

图 3 - 5

§3—2 截交线

一、填空题（将正确答案填写在横线上）

1. 平面与立体表面相交，可以看作____________被____________截割。

2. 展开技术中研究平面与立体表面相交的目的是求____________，因为能否准确求出平面与不同立体表面相交而形成的________，将直接影响构件________及构件展开图的________。

3. 平面与平面立体相交，其截交线是由____________组成的封闭多边形。多边形顶点的数目取决于立体与平面相交的____________的数目。

4. 求平面立体截交线的方法有____________和____________两种。

5. 平面与曲面立体相交，截交线为________，曲线上的每一点都是平面与曲面立体表面的________。

6. 求曲面立体截交线的常用方法有____________和____________两种。

二、选择题（将正确答案的代号填入括号内）

1. 平面与平面立体相交，其截交线是由（　　）组成的封闭图形。
A. 直线　　B. 曲线　　C. 直线或曲线

2. 平面与曲面立体相交，截交线为（　　）。
A. 直线　　B. 平面曲线或直线　　C. 空间曲线

3. 当截平面与圆柱轴线垂直时，截交线的形状应是（　　）。
A. 圆　　B. 椭圆　　C. 平行两直线

4. 当截平面与圆柱轴线平行时，截交线的形状应是（　　）。
A. 圆　　B. 椭圆　　C. 平行两直线

5. 当截平面与圆柱轴线倾斜时，截交线的形状应是（　　）。
A. 圆　　B. 椭圆　　C. 平行两直线

6. 平面与圆锥相交，当截平面与圆锥轴线垂直时，其截交线的形状为（　　）。
A. 圆　　B. 椭圆　　C. 抛物线

7. 平面与圆锥相交，当截平面与圆锥轴线倾斜，并截圆锥所有素线时，其截交线的形状为（　　）。
A. 圆　　B. 椭圆　　C. 抛物线

8. 平面与圆锥相交，当截平面与圆锥母线平行而与圆锥轴线相交时，其截交线的形状为（　　）。
A. 椭圆　　B. 抛物线　　C. 双曲线

9. 平面与圆锥相交，当截平面与圆锥轴线平行时，其截交线的形状为（　　）。
A. 椭圆　　B. 抛物线　　C. 双曲线

10. 平面与圆锥相交，当截平面通过锥顶时，其截交线的形状为（　　）。
A. 相交两直线　　B. 抛物线　　C. 双曲线

11. 当回转体轴线通过球心与球相交时，其交线为（　　）。
A. 直线　　B. 圆　　C. 椭圆

12. 当回转体轴线通过球心与球相交，并且当回转体轴线又平行于某一投影面时，则交线在该投影面的投影为（　　）。
A. 直线　　B. 圆　　C. 椭圆

三、判断题（正确的打“√”，错误的打“×”）

1. 如果柱体轴向与某个投影面垂直，那么在这个投影面上可反映出柱体径向截面上素线的实际位置。（　　）

2. 能否准确求出立体表面的截交线，将直接影响构件形状及构件展开图的正确性。（　　）

3. 用棱线法和棱面法求平面立体截交线是两种实质不同的方法。（　　）

4. 棱线法和棱面法是各自独立的，求平面立体截交线时不可相互结合应用。（　　）

5. 用辅助平面法截切曲面立体时，应使得到的交线为简单易画的规则曲线。（　　）

6. 形体在空间的截交线一定是由直线或曲线围成的平面封闭图形。（　　）

四、简答题

1. 根据平面与圆柱轴线的相对位置不同，平面截切圆柱的截交线有哪几种情况？

2. 根据平面与圆锥面的相对位置不同，平面截切圆锥的截交线有哪几种情况？

五、作图题

1. 求出图 3－6 所示三棱锥的截交线投影及断面实形。

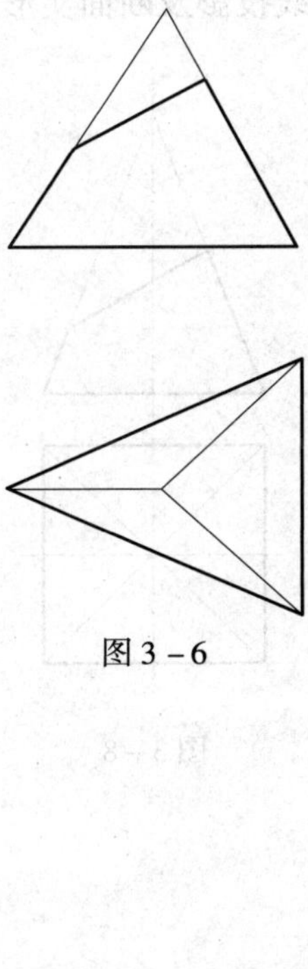

图 3－6

2. 求出图 3－7 所示四棱锥的截交线投影及断面实形。

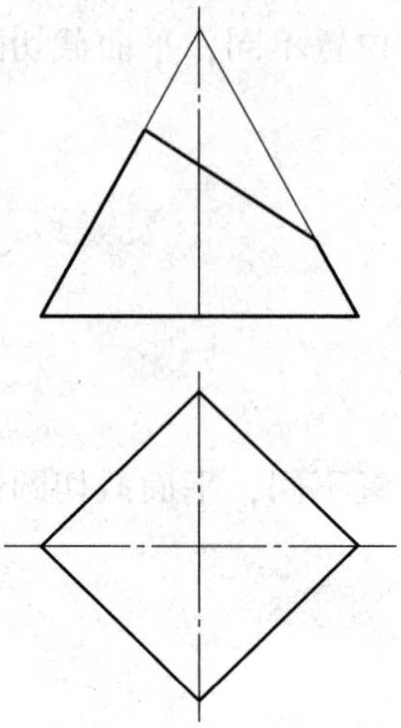

图 3－7

3. 求出图 3－8 所示构件的截交线投影及断面实形。

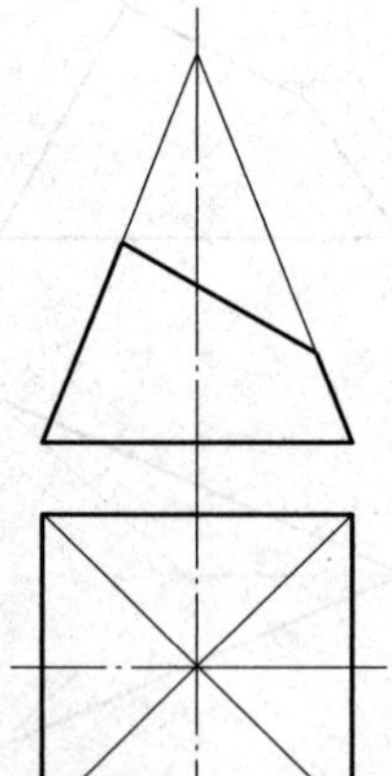

图 3－8

4. 求出图 3－9 所示构件的截交线投影及断面实形。

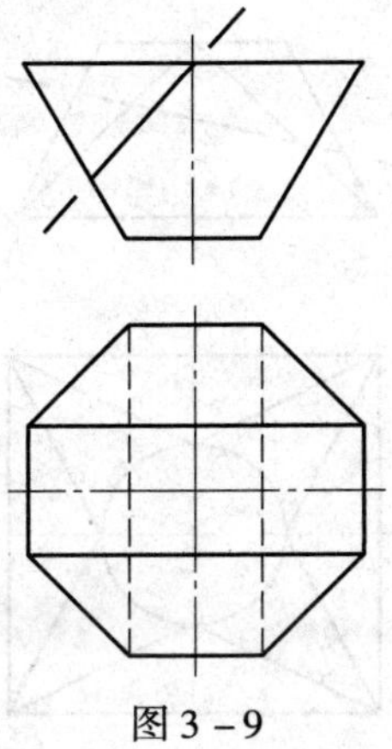

图 3－9

5. 求出图 3－10 所示圆锥的截交线投影及断面实形。

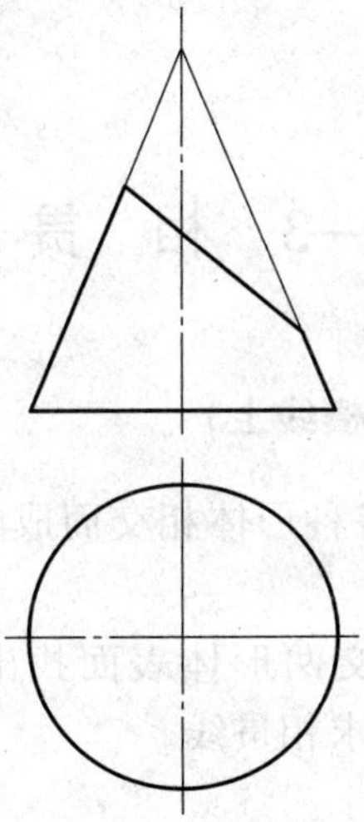

图 3－10

6. 求出图 3－11 所示方圆过渡件的截交线投影及断面实形。

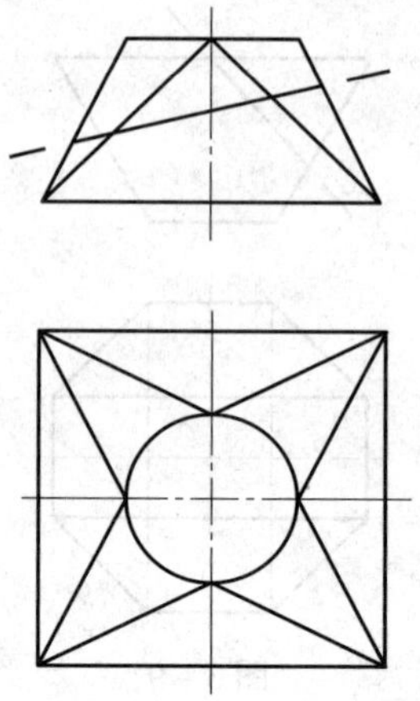

图 3－11

§3—3 相 贯 线

一、填空题（将正确答案填写在横线上）

1. 在展开放样中，经常会遇到各种形体相交而成的构件。形体相交后，要在形体表面形成________。

2. 求相贯线的实质，就是在相交两形体表面找出一定数量的____________，将这些____________依次连接起来，就是所求相贯线。

3. 求相贯线的方法主要有____________、____________和____________。

4. 用辅助球面法求相贯线，必须在两形体都是________且轴线________，此外两回转体轴线所决定的平面必须________某一投影面时才能应用。

5. 应用素线法求相贯线应至少已知____________的一面投影。

6. 由相贯线已知的投影，通过用素线在形体表面____________的方法，求出相贯线的________投影，这种求相贯线的方法称为____________。

7. 回转体相交相贯线一般为________曲线。当两相交回转体外切于同一球面时，其相贯线便为________，此时，若两回转体的轴线平行于某一________，则相贯线在该面上的投影为两相交________。

二、选择题（将正确答案的代号填入括号内）

1. 在使用辅助球面法求相贯线时，两形体必须是回转体，且其（　　）也必须相交。

   A. 轴线　　B. 轮廓线　　C. 切线

2. 在使用辅助球面法求相贯线时，辅助球的大小是（　　）。

   A. 随意的　　B. 固定不变的　　C. 有一定限制的

3. 当圆管与圆锥轴线重合相贯时，其相贯线为（　　）。

   A. 平面折线　　B. 平面曲线　　C. 空间曲线

三、判断题（正确的打“√”，错误的打“×”）

1. 曲面立体的截交线一定是曲线，平面立体的截交线一定是直线。（　　）
2. 在作相交形体的展开图时，准确地求出其相贯线至关重要。（　　）
3. 在特殊情况下，物体相贯不画相贯线也可作出展开图来。（　　）
4. 两个基本几何体相交称为相贯，四个基本几何体相交也称为相贯。（　　）
5. 方管与方锥管相交的结合线为空间封闭的曲线。（　　）
6. 两物体没有完全相交，其相贯线就不是封闭的。（　　）
7. 平面立体和曲面立体相交，其相贯线有直线也有曲线。（　　）
8. 当选用辅助平面法求相贯线时，必须使辅助平面与两形体都相交，才能得到公共点。（　　）
9. 只要是两旋转体相交，都可以用辅助球面法求相贯线。（　　）
10. 不管用什么方法求相贯线，相贯线的特殊点如最高点、最低点必须求出。因为这些点往往也是展开图中的轮廓转折点，对展开图的准确性起着决定性作用。（　　）

四、简答题

1. 什么是相贯？什么是相贯线？相贯线有哪些性质？

2. 求相贯线的实质是什么？通常用哪些方法求相贯线？

五、作图题

1. 求图 3－12 所示构件的相贯线。

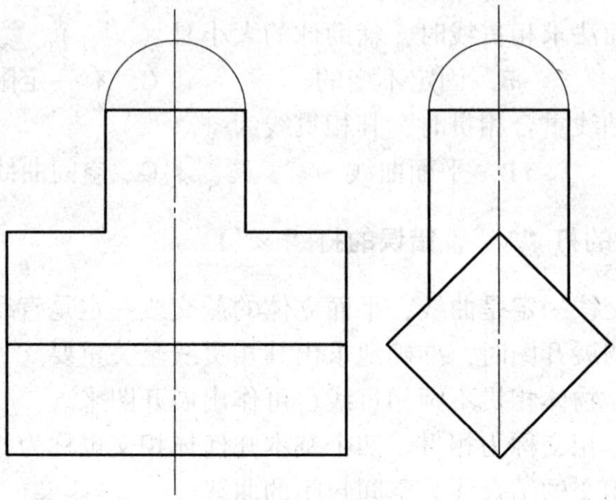

图 3－12

2. 求图 3－13 所示构件的相贯线。

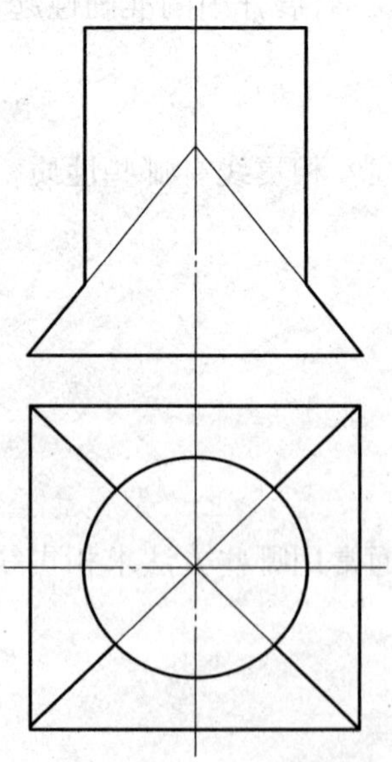

图 3－13

3. 求图 3－14 所示构件的相贯线（用素线法）。

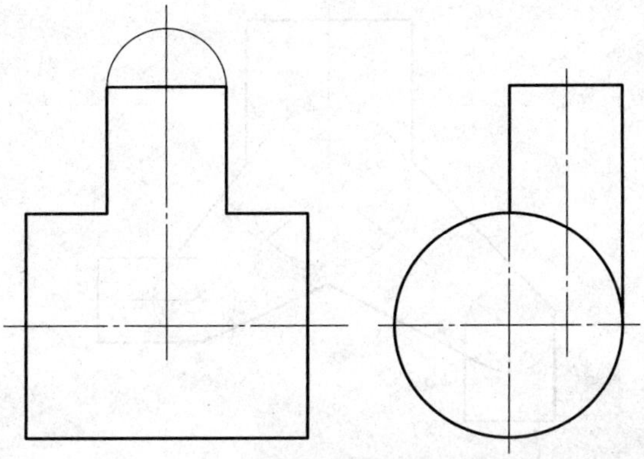

图 3－14

4. 求图 3－15 所示构件的相贯线（用辅助平面法）。

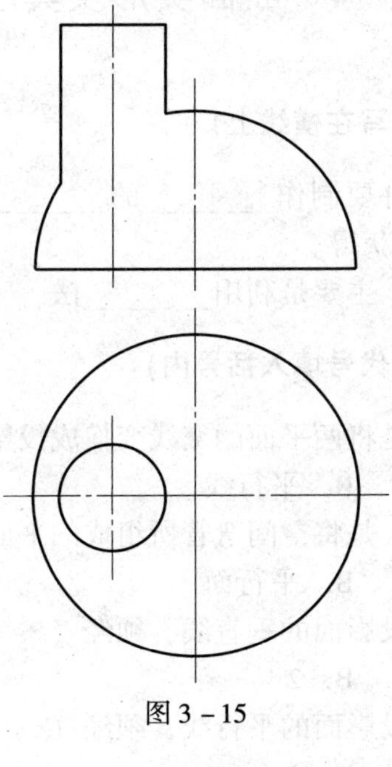

图 3－15

5. 求图 3－16 所示构件的相贯线。

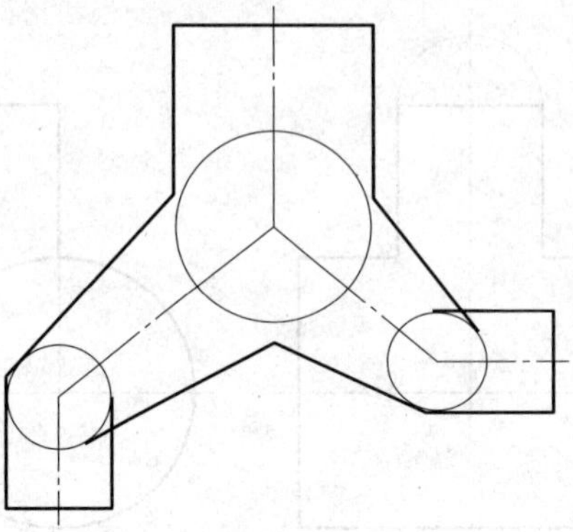

图 3－16

§3—4　断面实形及其应用

一、填空题（将正确答案填写在横线上）

1. 在放样过程中，有些构件要制作________的________，而这空间角度的________需通过求取构件的局部________来获得。

2. 放样中求构件断面实形，主要是利用________法。

二、选择题（将正确答案的代号填入括号内）

1. 求两平面的真实夹角，是将两平面的交线变换成投影面的（　　）。

A. 倾斜线　　B. 平行线　　C. 垂直线

2. 求空间弯管的真实夹角，是将空间弯管所组成的平面变换成投影面的（　　）。

A. 倾斜面　　B. 平行面　　C. 垂直面

3. 将一般位置直线变换为投影面的垂直线，须经（　　）次变换投影面才能实现。

A. 1　　B. 2　　C. 3

4. 将一般位置直线变换为投影面的平行线，须经（　　）次变换投影面才能实现。

A. 1　　B. 2　　C. 3

5. 将一般位置平面变换为投影面的垂直面，须经（　　）次变换投影面才能实现。

A. 1　　B. 2　　C. 3

6. 将一般位置平面变换为投影面的平行面，须经（　　）次变换投影面才能实现。

A. 1　　　　　　　　　　B. 2　　　　　　　　　　C. 3

三、判断题（正确的打“√”，错误的打“×”）

1. 正四棱锥相邻两侧面的夹角为90°。　（　　）
2. 任何位置的直线或平面都可以通过变换投影面变成特殊位置直线。　（　　）
3. 投影变换就是为了求直线的夹角。　（　　）
4. 在任何情况下，球面被平面所截，其截面都为圆形。　（　　）

四、作图题

1. 求出图 3－17 所示 m、n 两个平面的夹角。

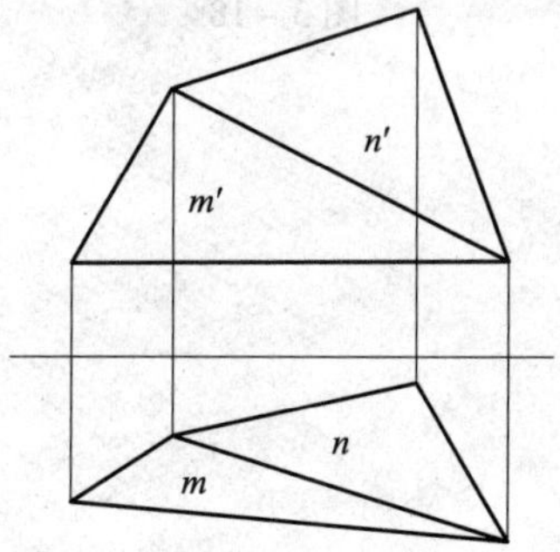

图 3－17

2. 求出图 3－18 所示两个平面 p、q 的夹角。

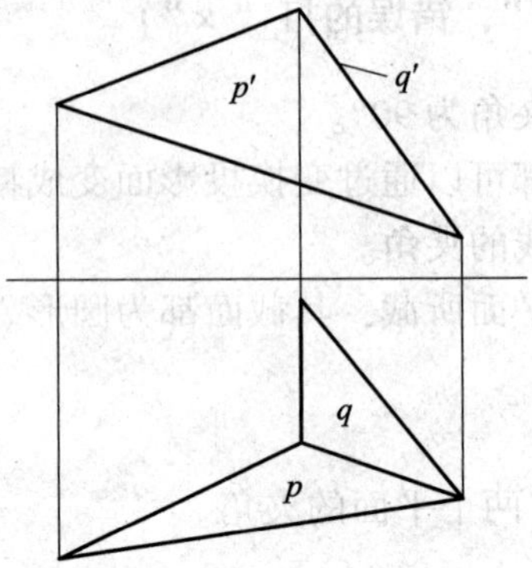

图 3－18

第四章 展开放样

§4—1 展开的基本方法

一、填空题（将正确答案填写在横线上）

1. 在金属结构制造中，各种板壳结构及弯形构件都需要进行______。

2. 作展开图的方法通常有______和______两种，目前工厂多采用______展开。但是随着计算技术的发展和计算机的广泛应用，______在工厂的应用也日益增多。

3. 研究金属板壳构件的展开时，先要熟悉立体表面的______过程，分析立体表面______特征，从而确定______能否展开及采用什么方式展开。

4. 任何立体表面都可看作由线按一定的要求______而形成。这种______着的线叫作母线。控制母线运动的线或面叫作______或______。

5. 母线在立体表面上的任一位置叫作______。因此，也可以说立体表面是由无数条______构成的。

6. 研究立体表面的展开，必须了解______素线的分布规律。

二、选择题（将正确答案的代号填入括号内）

1. 构件表面展开后构成的平面图形称为（　　）。
   A. 工作图　　B. 展开图　　C. 放样图

2. 立体表面是由（　　）素线构成的。
   A. 8条　　B. 12条　　C. 无数条

3. 将构件的表面摊开在一个平面上的过程称为（　　）。
   A. 展开　　B. 放样　　C. 号料

4. 一个乒乓球表面可以作近似地展开，其展开方法为（　　）。
   A. 放射线法　　B. 平行线法　　C. 分瓣展开

三、判断题（正确的打"√"，错误的打"×"）

1. 在金属结构制造中，各种板壳结构及弯形构件都需要进行展开放样。（　　）

2. 对于形状复杂的零件，广泛采用作图法作展开图。（　　）

3. 凡是以曲线为母线或相邻两直线呈交叉状态的表面，都是可展表面。（　　）

4. 几何体放样展开时，三视图必须画齐全。（　　）

四、简答题

1. 什么是展开？什么是展开图？

2. 什么是可展表面？什么是不可展表面？

3. 可展表面与不可展表面应怎样判定？

4. 展开的基本方法有哪三种？这三种方法的共同特点是什么？

5. 试述平行线法的展开原理。

6. 试述放射线法的展开原理。

7. 试述三角形法的展开原理。

§4—2 基本形体展开法

一、填空题（将正确答案填写在横线上）

1. 以直线为母线而形成的表面称为____________，如柱面、锥面等。

2. 当柱面的导线为折线时称为____________。

3. 当柱面的导线为圆且与母线垂直时称为____________。

4. 当锥面的导线为折线时称为____________。

5. 当锥面导线为圆且垂直于中轴线时称为____________。

6. 切线面的一个重要特征是同一素线上各点有相同的________。切线面上相邻的两条素线一般________，但当导线上两点的距离________时，相邻的两条切线便趋向同一个平面，也就是切平面。

7. 以曲线为母线，并做曲线运动而形成的面称为____________，如圆球面、椭球面和圆环面等。曲纹面通常具有________曲度。

8. 就可展性而言，立体表面可分为____________和____________。

9. 凡是以直素线为母线，其相邻两素线能构成____________时，都是可展表面。

10. 展开的基本方法有____________、____________和____________三种。

11. 用作图法展开立体表面的过程可以形象地比喻为“____________”和“____________”两个阶段。

12. 平行线展开方法主要用于表面素线________的柱体。

13. 放射线展开法适用于表面素线________的锥体。

14. 三角形展开法是以立体表面素线________为主，并画出必要的________，将立体表面分割成一定数量的________平面，然后求出每个________的实形，并依次画在平面上，从而得到整个立体表面的________。

二、选择题（将正确答案的代号填入括号内）

1. （　　）可以用平行线法展开。

A. 天圆地方　　B. 圆锥体　　C. 圆柱体

2. （　　）可以用放射线法展开。

A. 椭圆锥　　B. 三棱柱　　C. 球

3. （　　）属于不可展表面。

A. 斜圆锥面　　B. 双曲面　　C. 斜圆柱面

三、判断题（正确的打“√”，错误的打“×”）

1. 柱体和锥体都可以用计算的方法进行展开。（　　）

2. 构成锥体表面的每条素线都相等。（　　）

3. 凡是可以用平行线法或放射线法展开的构件，均可用三角形法展开。（　　）

4. 圆柱、棱柱等可用放射线法展开。 (　　)

四、简答题

1. 柱面具有哪些性质？

2. 锥面具有哪些性质？

五、作图题

1. 作出图 4 -1 所示构件的展开图。

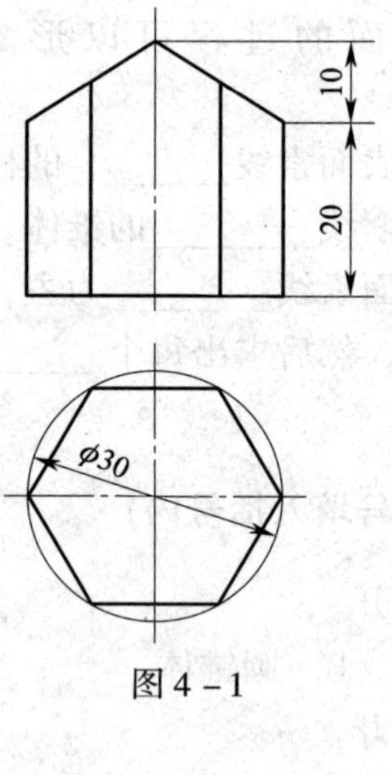

图 4 -1

2. 作出图 4 - 2 所示构件的展开图。

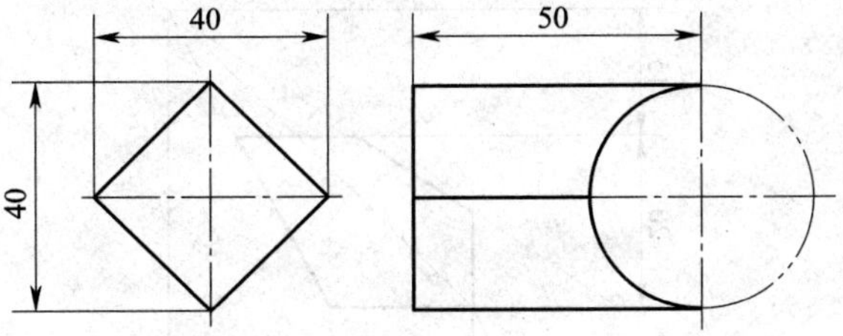

图 4 - 2

3. 作出图 4 - 3 所示构件的展开图。

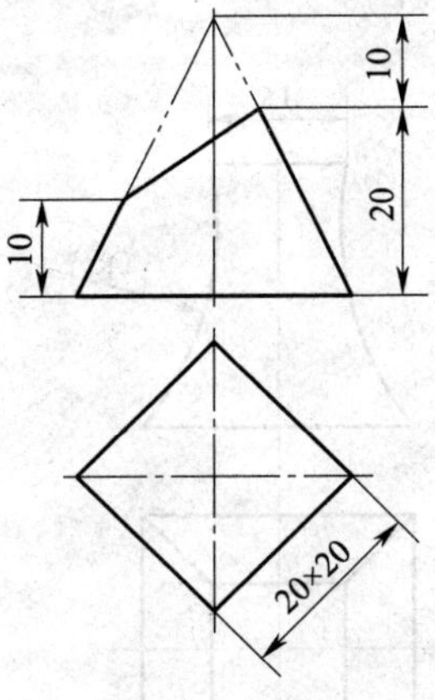

图 4 - 3

4. 作出图 4 -4 所示构件的展开图。

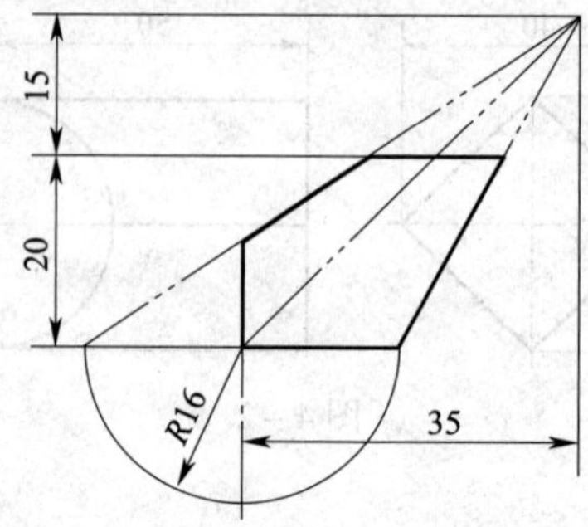

图 4 -4

5. 作出图 4 -5 所示构件的展开图。

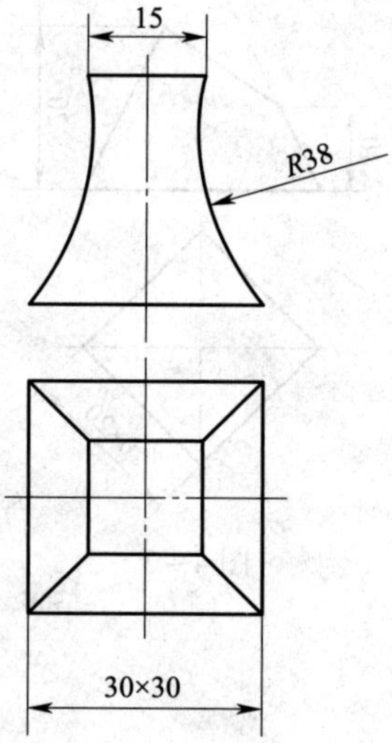

图 4 -5

§4—3　弯头展开法

一、简答题

1. 弯头具有哪些特点？

2. 多节弯头分节角如何进行计算？

二、作图题

1. 作出图 4 –6 所示弯头的展开图。

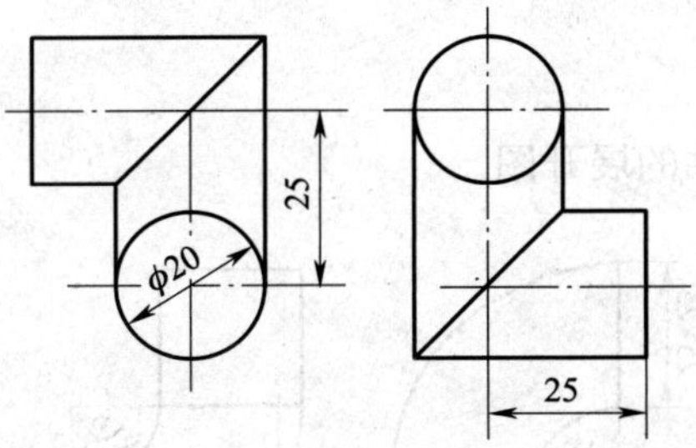

图 4 –6

2. 作出图 4 –7 所示构件的展开图。

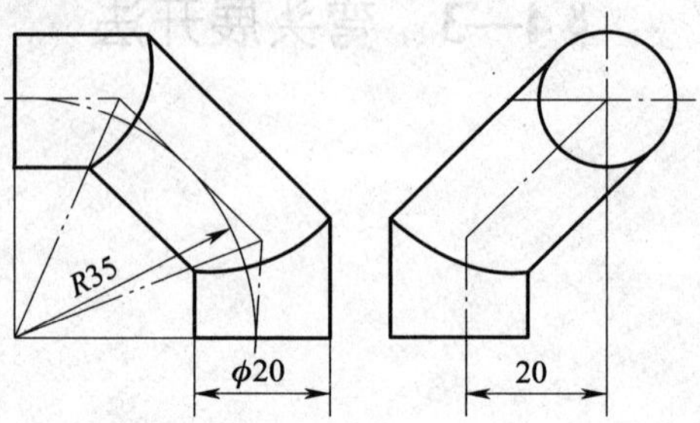

图 4 –7

3. 作出图 4 –8 所示构件的展开图。

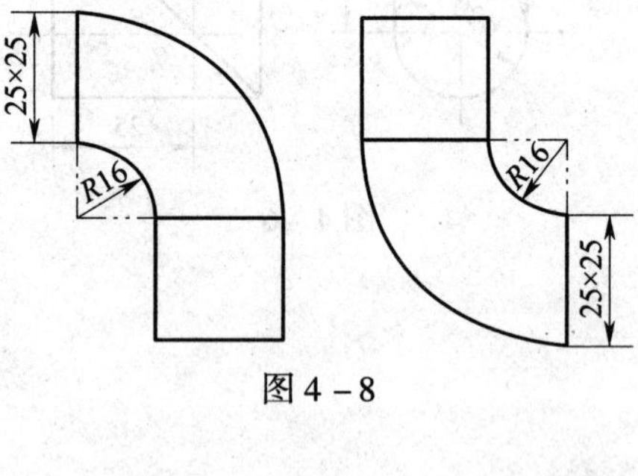

图 4 –8

§4—4　过渡接头展开法

一、简答题

1．过渡接头具有哪些特点？

2．过渡接头的平面、曲面如何划分？

二、作图题

1．作出图4－9所示过渡接头的展开图。

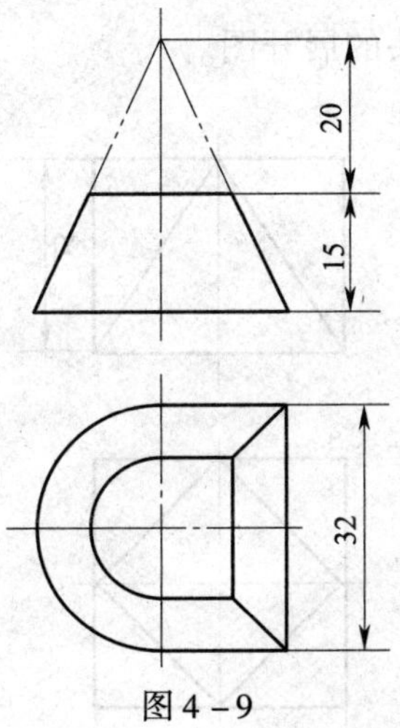

图4－9

2．作出图 4－10 所示过渡接头的展开图。

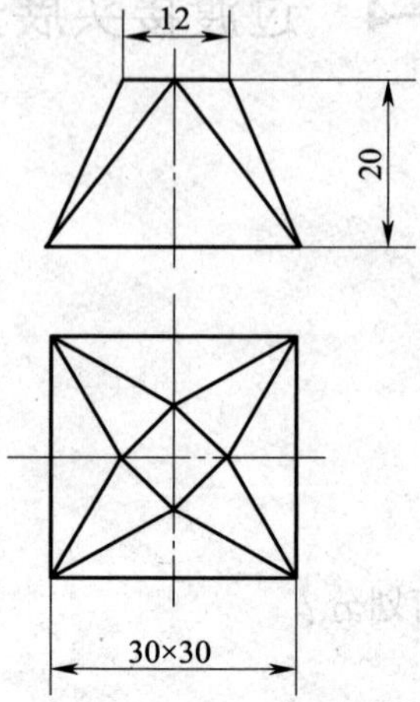

图 4－10

3．作出图 4－11 所示过渡接头的展开图。

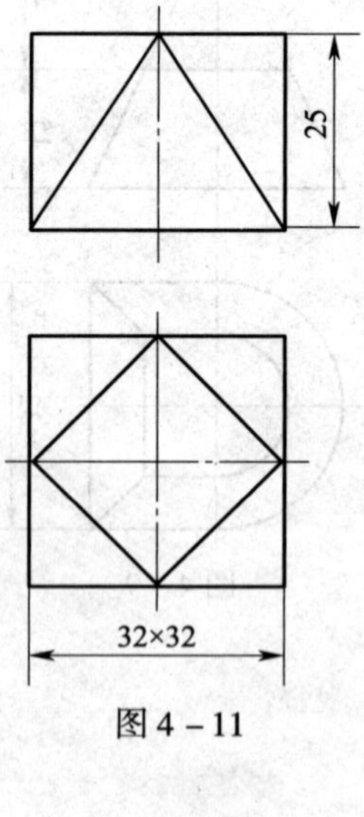

图 4－11

4. 作出图 4 – 12 所示过渡接头的展开图。

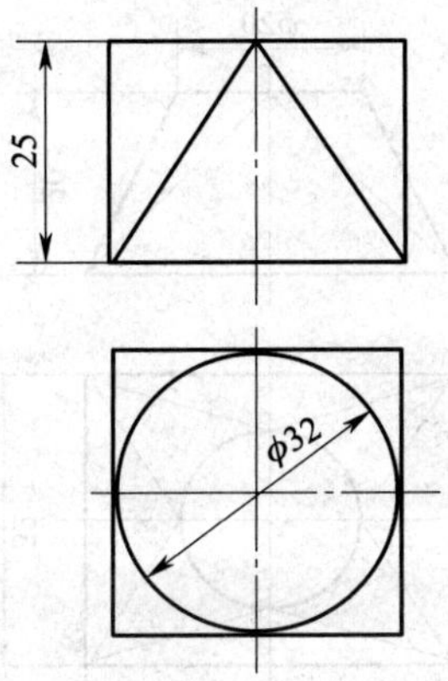

图 4 – 12

5. 作出图 4 – 13 所示过渡接头的展开图。

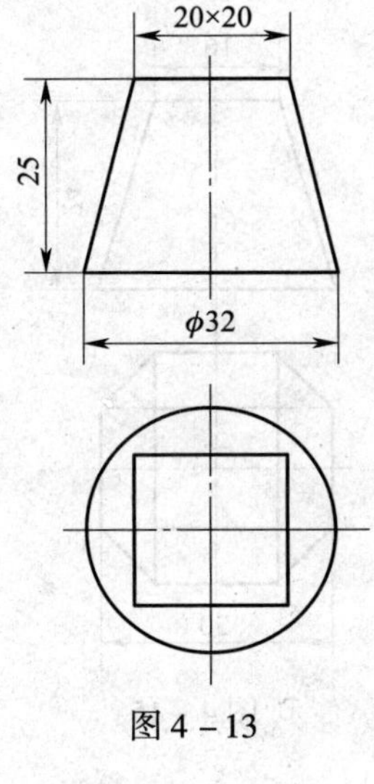

图 4 – 13

6. 作出图 4－14 所示过渡接头的展开图。

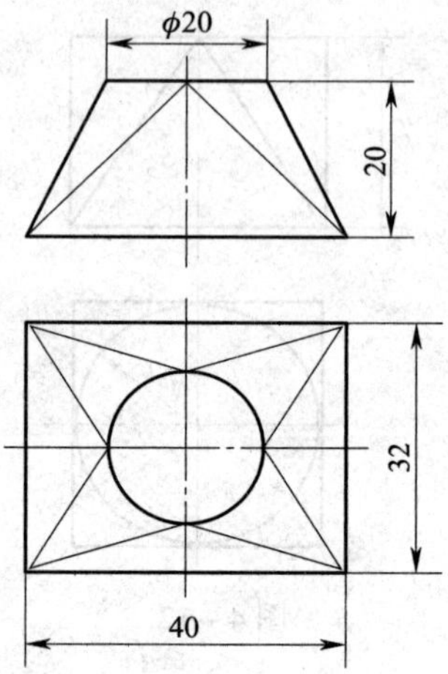

图 4－14

7. 作出图 4－15 所示过渡接头的展开图。

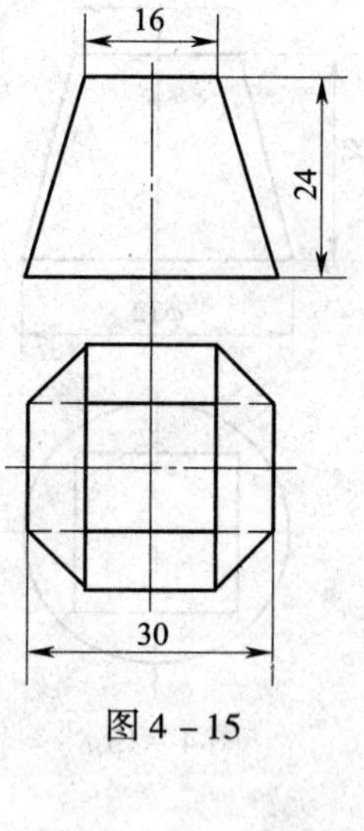

图 4－15

8. 作出图 4－16 所示过渡接头的展开图。

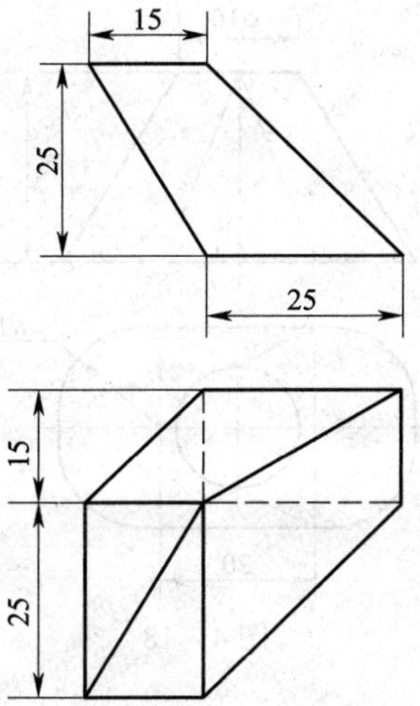

图 4－16

9. 作出图 4－17 所示过渡接头的展开图。

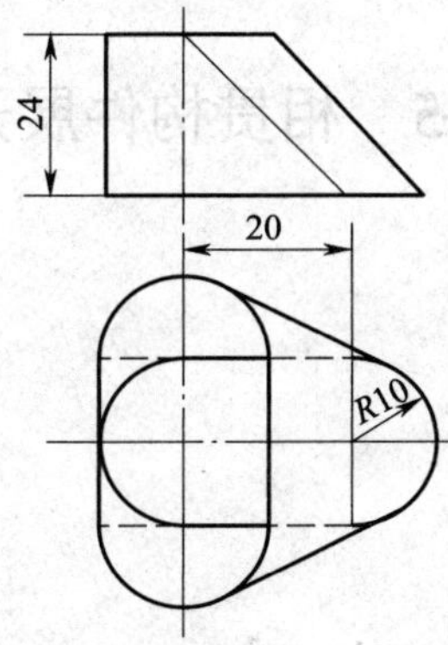

图 4－17

10. 作出图 4－18 所示过渡接头的展开图。

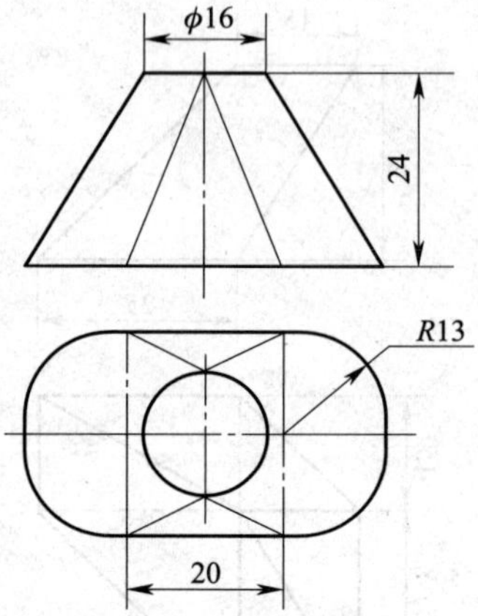

图 4－18

§4—5　相贯构件展开法

一、简答题

1. 相贯构件展开具有哪些特点？

2. 简述 Y 形三通管展开的过程。

二、作图题

1．作出图 4－19 所示相贯构件的展开图。

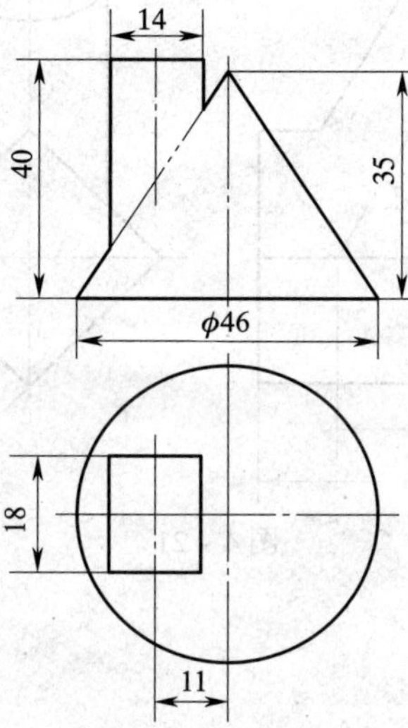

图 4－19

2．作出图 4－20 所示相贯构件的展开图。

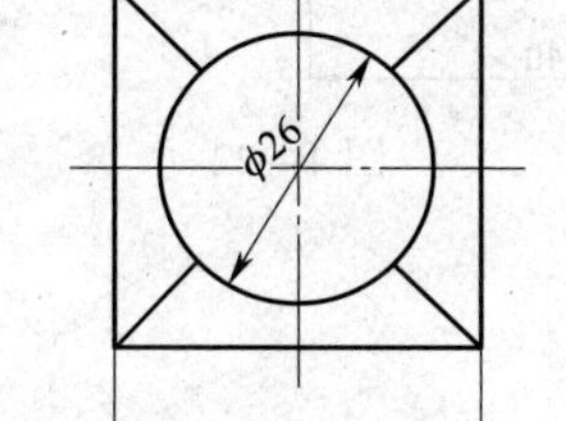

图 4－20

3. 作出图 4－21 所示相贯构件的展开图。

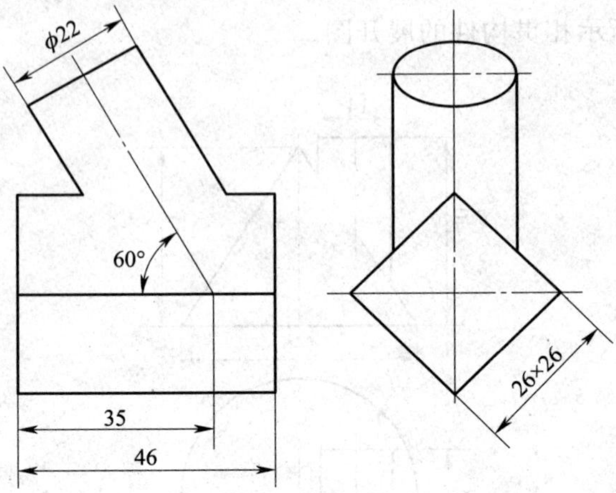

图 4－21

4. 作出图 4－22 所示相贯构件的展开图。

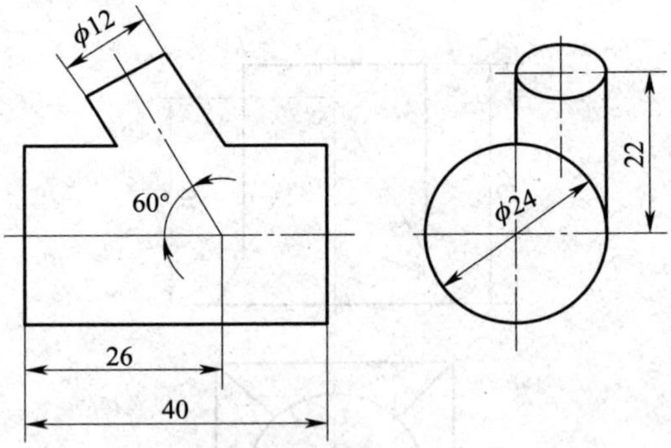

图 4－22

5. 作出图 4－23 所示相贯构件的展开图。

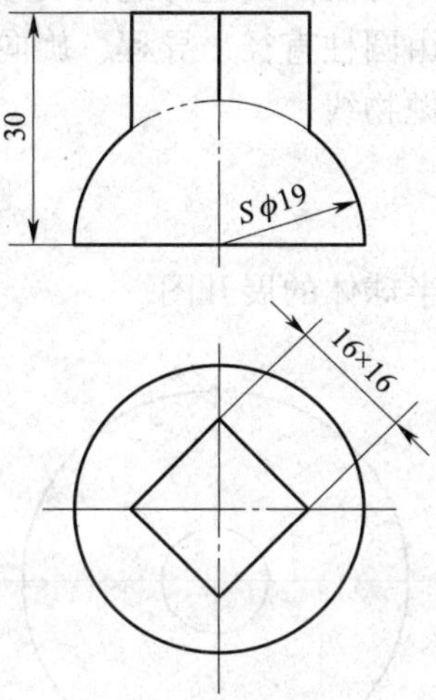

图 4－23

§4—6　不可展曲面的近似展开

一、填空题（将正确答案填写在横线上）

1. 球面是典型的____________曲面，只能进行____________的展开。

2. 球面分割方式有____________和____________两种。

3. 球面分割数越多，拼接后越________，但相应的下料成形工艺越复杂。分割数的多少应根据球的________大小而定。

4. 正螺旋叶片与螺纹一样有单线、双线，左旋、右旋之分。单线螺旋周节________导程，双线螺旋周节________________导程。

5. 正螺旋叶片的近似展开方法很多，应用较多的方法有________________________、________________和________________三种。

二、判断题（正确的打"√"，错误的打"×"）

1. 圆球、螺旋面都是不可展表面。（　　）

2. 球面是不可展表面，但可以进行近似展开。 (　　)

3. 三角形法可以用来对一些不可展曲面进行近似展开。 (　　)

4. 圆柱螺旋线的形状和大小由圆柱直径、导程、旋向三要素来决定。 (　　)

5. 正圆柱螺旋线的展开为一抛物线。 (　　)

三、作图题

1. 作出图 4 – 24 所示有极帽半球体的展开图。

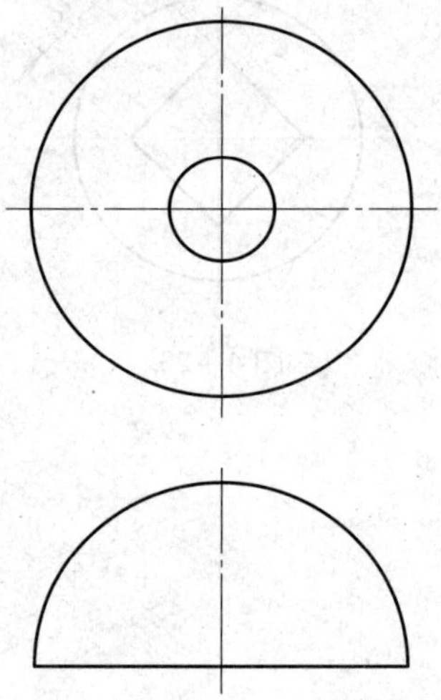

图 4 – 24

2. 作出导程为 h、外径为 D、内径为 d 的正螺旋叶片的视图及展开图。

§4—7　板厚处理

一、填空题（将正确答案填写在横线上）

1．板料弯形中性层的位置与其________________有关。

2．若板料厚度较小，而工件尺寸精度要求又不高时，折角弯板的展开长度可按其______________计算。

3．相贯构件的板厚处理，除解决各形体的______________外，还要重点处理形体相____________，以便确定各形体表面素线的长度。

二、选择题（将正确答案的代号填入括号内）

1．在实际放样中，当构件板厚 t 大于（　　）mm 时，必须考虑板厚对展开图尺寸的影响。

A．1　　　　B．1.5　　　　C．3

2．相贯构件板厚处理的一般原则：展开长度以零件的中性层尺寸为准，展开图上各素线的长度以零件的（　　）尺寸为准。

A．里皮　　　　B．外皮　　　　C．接触高度

三、判断题（正确的打“√”，错误的打“×”）

1．在计算型材弯形件的展开长度时，可以忽略中性层的概念。（　　）

2．单件的板厚处理，展开长度必须是中性层的长度。（　　）

3．由两个不同方向的曲线构成的表面称为曲纹面。（　　）

4．任何材料弯形时的中性层都是材料断面的中心层。（　　）

5．材料在弯形过程中，整个断面都有应力，外层受拉伸，内层受挤压，不存在一个既不受拉又不受压的中性层。（　　）

6．在处理圆方过渡管板厚时，顶口、底口应以中性层尺寸为准，高度取顶口、底口中性层的垂直高度。（　　）

四、简答题

1．什么是板厚处理？为什么要进行板厚处理？

2. 板厚处理的主要内容有哪些？

3. 什么是板料的中性层？它的位置与板料的相对弯形半径 r/t 有什么关系？

五、作图题

作出回转半径为 R、圆管直径为 D、厚度为 t（$t>5$ mm）的三节90°弯头的展开图。

§4—8 钢材弯形料长计算

一、填空题（将正确答案填写在横线上）

1. 角钢的断面是不对称的，所以角钢弯形中性层不在角钢截断面的________，而在其________位置上。

2. 槽钢弯形分为____________和____________两种形式。

3. 对于槽钢立弯时料长的计算，中性层以____________为准。

4. 对型钢进行切口弯形时，除需计算其料长外，还要在放样中确定其切口的________、________和________。

二、选择题（将正确答案的代号填入括号内）

1. 有一个折弯而成的方形构件，边长为 100 mm × 100 mm，板厚为 5 mm，其展开料长为（　　）mm。

A. 360　　B. 380　　C. 400

2. 钢材在塑性弯形过程中，当相对弯形半径 $r/t>5$（t 为板厚）时，中性层位于（　　）。

A. 中心层内侧　　B. 中心层　　C. 中心层外侧

3. 钢板弯形时，中性层的位置与（　　）有关。

A. 板厚　　B. 弯形半径　　C. 相对弯形半径 r/t

4. 角钢的中性层处于角钢的（　　）位置。

A. 断面中心　　B. 根部　　C. 重心

5. 钢板在塑性弯形时，若相对弯形半径 $r/t<5$，其中性层位置系数 k 应（　　）。

A. 大于 0.5　　B. 小于 0.5　　C. 等于 0.5

6. 圆钢、管材弯形件展开料长是按（　　）计算的。

A. 内径　　B. 外径　　C. 中心线

三、判断题（正确的打"√"，错误的打"×"）

1. 角钢内弯和外弯都可以采用不切口的形式。（　　）

2. 当角钢圈的直径相同时，外弯角钢圈的料长要比内弯角钢圈的料长长一些。（　　）

四、计算题

1. 计算图 4－25 所示钢板弯形件的料长。

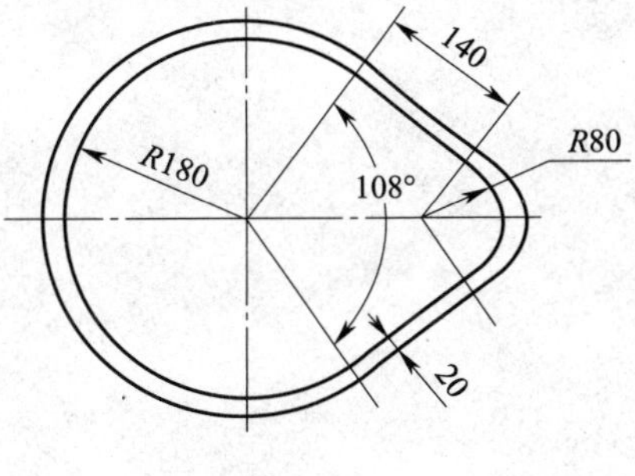

图 4－25

2. 计算图 4 – 26 所示钢板弯形件的料长。

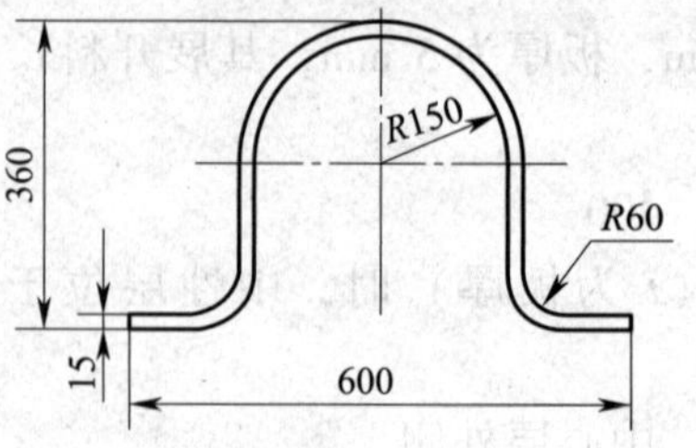

图 4 – 26

3. 计算图 4 – 27 所示扁钢双弯 90°构件的料长。

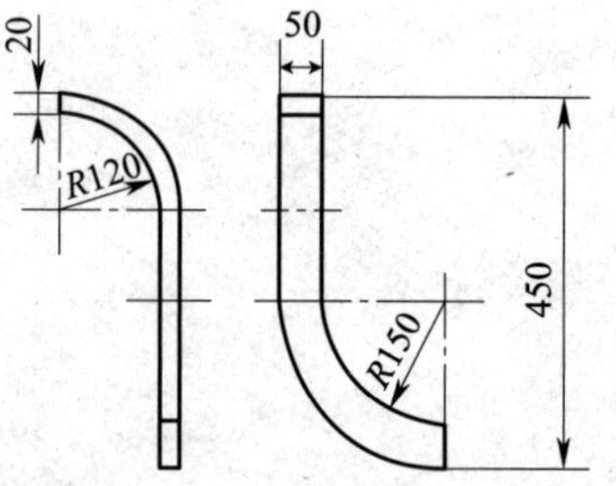

图 4 – 27

4. 将圆钢弯成图 4－28 所示的 S 形，试求其展开长度。

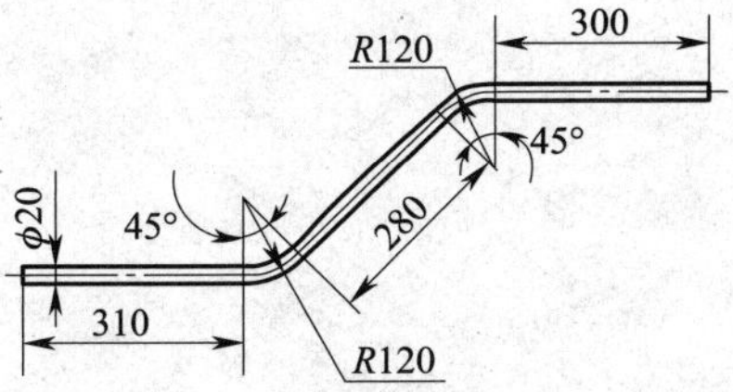

图 4－28

5. 将角钢弯成图 4－29 所示的 U 形，试求其展开长度。

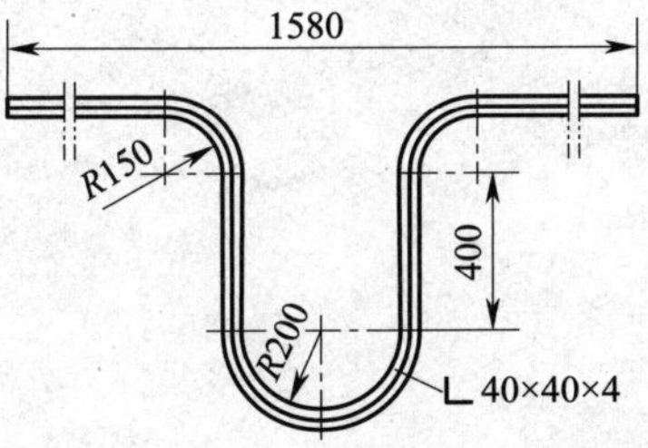

图 4－29

6. 计算图 4－30 所示角钢弯形件的料长（角钢规格为 50 mm×50 mm×4 mm）。

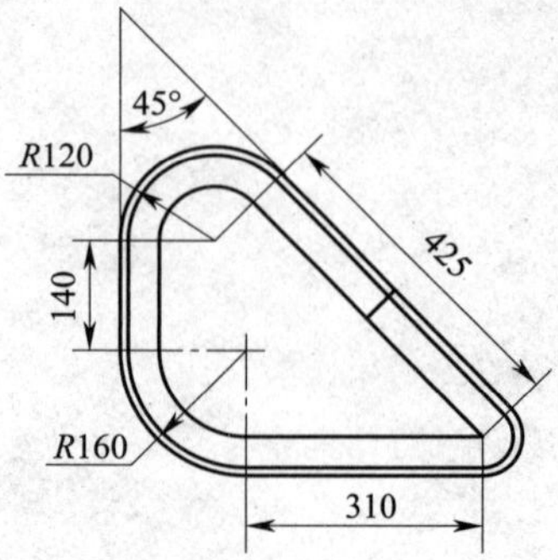

图 4－30

7. 计算图 4－31 所示不等边角钢双弯 90°构件的料长（不等边角钢规格为 56 mm×36 mm×4 mm）。

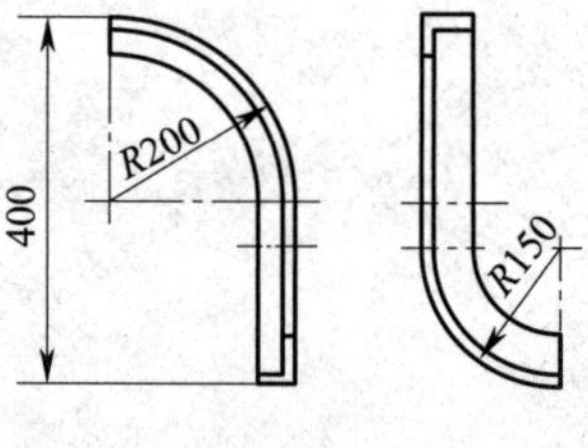

图 4－31

8．在图 4－32 中，钢圈是由 75 mm × 75 mm × 6 mm 的角钢弯形而成的。已知 $A=800$ mm，$B=400$ mm，求角钢的展开长度 L 及切口圆角的展开长度 S 各为多少？

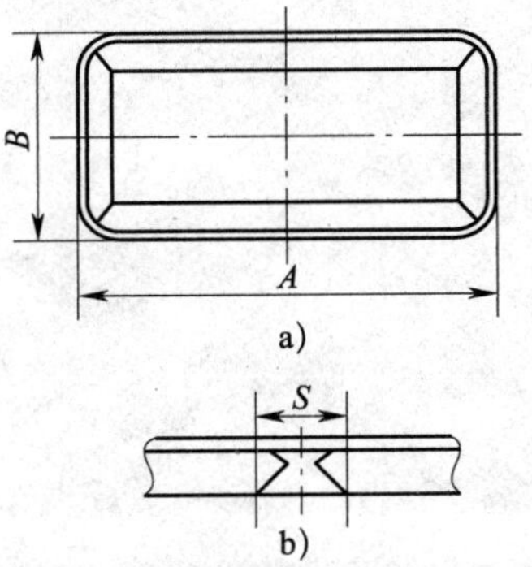

图 4－32

9．计算图 4－33 所示弯形件的展开长度。

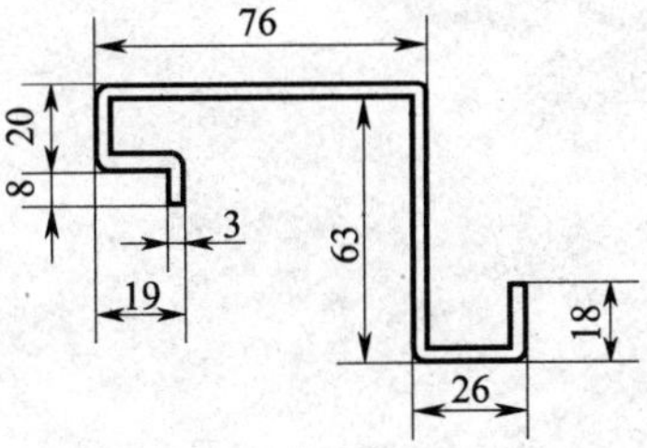

图 4－33

10. 计算图 4－34 所示多角弯形件的展开长度。

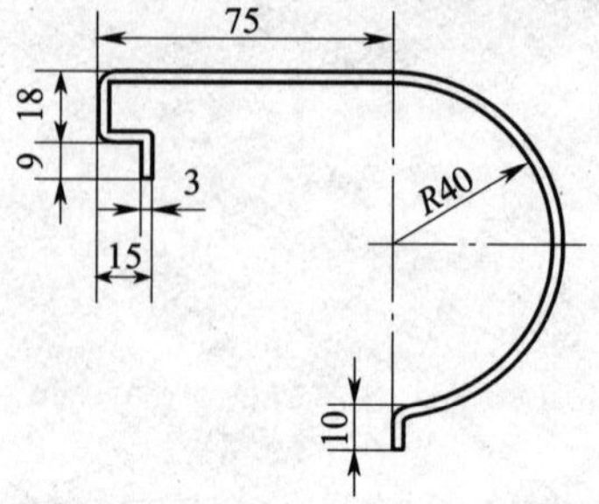

图 4－34

§4—9　钢材质量的计算

一、简答题

1. 钢材质量的理论计算公式是什么？

2. 钢材质量的简易计算公式是什么？

二、计算题

1. 计算一块长为6 000 mm、宽为1 600 mm、厚度为6 mm的钢板质量（已知钢材的密度为7.85 kg/dm^3）。

2. 计算一规格为50 mm×50 mm×5 mm、长为6 000 mm角钢的质量（已知50 mm×50 mm×5 mm规格角钢的单位长度质量为3.77 kg/m）。

3. 计算一规格为240 mm×90 mm×5.6 mm、长为780 mm槽钢的质量（已知240 mm×90 mm×5.6 mm规格槽钢的单位长度质量为27.7 kg/m）。

4. 某钢结构梁的长度为7.8 m，其断面尺寸如图4－35所示，计算钢结构梁的质量（已知槽钢的单位长度质量为25.77 kg/m，钢材的密度为7.85 kg/dm^3）。

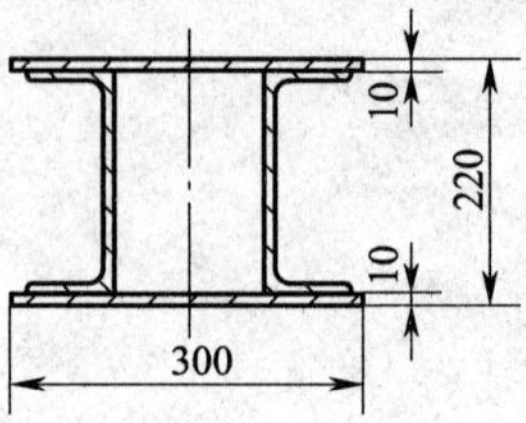

图4－35

第五章　矫　正

§5—1　矫正原理

一、填空题（将正确答案填写在横线上）

1. 钢材在轧制过程中可能产生残余__________而引起变形。

2. 根据引起钢材和工件变形的三个方面原因，矫正实际上包括__________矫正、__________矫正以及__________矫正。

3. 钢材的变形会影响零件的__________、__________和其他加工工序的正常进行，并降低__________精度。

4. 零件在加工过程中产生的变形如不进行矫正，将会影响整个结构的__________。

5. 由焊接产生的变形将降低装配质量，使结构内部产生__________，并影响结构的__________。

6. 钢材和工件不论哪种原因造成的变形，都必须进行矫正，以消除__________或将其限制在规定的__________以内。

7. 钢材和构件无论产生哪一种变形，都是由于钢材各部分存在不同的__________，使结构组织中一部分纤维__________，受到周围的__________；另一部分纤维__________，受到周围的__________。

8. 任何矫正方法都是形成新的__________的变形，以抵消钢材或构件原有的__________，使其达到规定的形状和尺寸要求。

9. 矫正的方法有多种，若按矫正时工件的温度划分有__________和__________两种。若按矫正时力的来源和性质划分有__________、__________、__________和高频热点矫正。

10. 热矫正的温度范围一般为__________℃。

11. 矫正的过程就是钢材由__________变形转变到__________变形的过程。

12. 用于机械矫正的机床有__________、__________、__________、__________。

13. 手工矫正是指使用__________、__________、__________、台虎钳等简单工具，通过__________、__________、__________等手工操作，矫正小尺寸钢材或工件的变形。

14. 火焰矫正和高频热点矫正的矫正力来自金属局部加热时的__________。

15. 大型焊接结构的变形矫正主要采用__________的方法。

二、选择题（将正确答案的代号填入括号内）

1. 在备料阶段对板材、型材和管材进行的矫正称为（　　）矫正。
   A. 钢材　　B. 零件　　C. 部件及产品
2. 在钢板被剪切或气割成零件后，对加工变形的矫正称为（　　）矫正。
   A. 钢材　　B. 零件　　C. 部件及产品
3. 构件在装配焊接过程中及产品完成后，对焊接变形的矫正称为（　　）矫正。
   A. 钢材　　B. 零件　　C. 部件及产品
4. 当外力消除后，能恢复原来几何形状和尺寸的变形称为（　　）变形。
   A. 弹性　　B. 塑性　　C. 焊接

三、判断题（正确的打“√”，错误的打“×”）

1. 刚轧制出厂的钢材内部不存在内应力。（　　）
2. 钢材和工件的变形不一定都是在加工过程中产生的。（　　）
3. 钢材在存放过程中，由于摆放不当也可能引起变形。（　　）
4. 钢材可矫正的根本原因是钢材具有一定的强度。（　　）
5. 热轧薄钢板时，由于薄钢板冷却速度较快，延伸较多的部分在压应力的作用下容易失去稳定，因此使钢板产生弯曲变形。（　　）
6. 用氧乙炔焰气割钢板时，钢板会因局部受热而出现各种形式的变形。（　　）
7. 矫正就是将已变形的钢材在外力作用下使其产生塑性变形。（　　）
8. 冷矫正是指在低温状态下对钢材进行的矫正。（　　）
9. 热矫正是利用钢材热胀冷缩的物理特性进行的矫正。（　　）
10. 钢结构件的变形主要是由于存在焊接应力，进而出现焊接变形。（　　）

四、简答题

1. 造成钢材和工件变形的原因来自哪几个方面？

2．原材料和零部件的变形会造成哪些影响？

3．简述金属变形的实质。

4．矫正的目的是什么？

5．矫正的方法有哪几种？

6．什么情况下对钢材变形的矫正采用热矫正？

7. 试说出矫正过程中运用“矫枉必须过正”的道理。

§5—2 机 械 矫 正

一、填空题（将正确答案填写在横线上）

1. 根据轴辊的布置形式不同，常用的多辊矫平机有______________和______________两种。

2. 一般来说，钢板越厚，矫正________________。薄板容易变形，但矫正其变形比较____________。

3. 在缺少专用钢板矫正机时，厚钢板的弯曲变形矫正也可以在____________上进行。

4. 薄板拼接后容易产生____________变形，可用专门的碾压滚轮进行矫正。

5. 钢材的预处理流水线是将____________、____________和____________合并在一起，包括钢板的________、________、________________、________________和____________等工艺过程。

二、选择题（将正确答案的代号填入括号内）

1. 用机械矫正法矫正槽钢的变形时，为避免回弹的影响，应使槽钢在矫正时略呈反方向弯曲，（　　）是确定反变形量的依据。

A. 材料的强度　　B. 材料的塑性　　C. 回弹量

2. 矫平 2 mm 以下的钢板时，应选用（　　）辊的矫平机。

A. 5　　B. 7　　C. 15

3. 一般来说，薄板变形容易，矫正起来比较（　　）。

A. 容易　　B. 困难　　C. 省力

4. 由于薄钢板的刚度较低，易失稳，因此拼接后容易产生（　　）变形。

A. 弯曲　　B. 波浪　　C. 扭曲

三、判断题（正确的打“√”，错误的打“×”）

1. 用上列辊倾斜矫平机矫正钢板时，头几对轴辊矫正的是钢板的基本弯曲，继续进入时其余各对轴辊对钢板产生拉力。（　　）

2. 上列辊倾斜矫平机多用于厚钢板的矫正。（ ）

3. 用多辊矫平机矫正凹凸变形严重的钢板时，应选择大小和厚度合适的低碳钢板条垫在需加大拉伸的部位，以提高矫平效果。（ ）

4. 当钢板（零件）放在被用作垫板的平整厚钢板上矫正时，多辊矫平机上、下辊的间隙应小于垫板和钢板（零件）厚度之和。（ ）

5. 用压力机矫直弯曲的工字钢时，将其压至平直即可。（ ）

6. 薄板拼接后产生的波浪变形是由焊缝的纵向收缩引起的。（ ）

四、简答题

1. 矫正板材的多辊矫平机有哪几种？钢板在矫平机上是如何被矫平的？

2. 采用钢材预处理流水线的优点有哪些？

§5—3 手工矫正

一、填空题（将正确答案填写在横线上）

1. 手工矫正就是锤击工件的特定部位，以使该部位较紧的金属得到________，最终使各层________趋于一致，达到矫正的目的。

2. 薄板中部凸起俗称“鼓包”，是由于板材________、________造成的。

3. 矫平中部凸起的薄板时，应从__________开始向__________呈放射形锤击，越向外锤击__________越大，锤击力也__________，以使由里向外各部分金属层得到不同程度的__________，__________变形在锤击过程中逐渐消失。

4. 薄板表面若有几处相邻的凸起，则应在凸起的__________轻轻锤击，使数处凸起__________凸起，然后再锤击薄板凸起四周使之展平。

5. 若薄板四周呈波浪变形，则表示板材__________、__________。矫正时，由__________向__________锤击，锤击的密度和力度逐渐__________，在板材中部纤维层产生较大__________，使薄板的四周波浪变形得到矫正。

6. 厚钢板的变形主要是__________变形。手工矫正通常采用__________和__________两种方法。

7. 窄钢板条变形往往同时存在__________和__________。

8. 矫正窄钢板条变形的正确工序是__________→__________→__________。

9. 矫正窄钢板条平面弯曲变形时，可以沿窄钢板条凸起面纵向__________进行击打，即可将工件矫正。但需注意，锤击时落锤点不要偏在钢板条的__________，以免引起__________弯曲。

10. 角钢变形一般多因__________和__________不当所致。角钢变形主要为__________变形，有时也会存在__________、__________和__________，小型角钢较易产生__________变形。

二、选择题（将正确答案的代号填入括号内）

1. 角钢若存在扭曲、弯曲和角度变形等形式的变形，手工矫正时应先矫正（　　）。

A. 角度变形　　B. 扭曲变形　　C. 弯曲变形

2. 若薄板四周呈波浪变形，矫正时锤击方向为（　　）。

A. 由外向内　　B. 由内向外　　C. 以上选项均正确

3. 复合变形的矫正，应该是（　　）。

A. 先易后难　　B. 先难后易

4. 手工矫正时，锤击力应超过材料的（　　）。

A. 抗拉强度　　B. 抗剪强度　　C. 屈服强度

三、判断题（正确的打“√”，错误的打“×”）

1. 采用钢材预处理流水线可大幅度提高生产效率，降低成本，并保证矫正质量。（　　）

2. 无专门矫正设备时，对于小尺寸的板材、型材、切割后的零件及焊接结构的局部变形，都可以采用手工矫正法进行矫正。（　　）

3. 对于薄板的中部凸起变形，直接锤击中部凸起处即可矫正。（　　）

4. 矫平薄板对角翘起时，应沿翘起的对角线进行锤击，使其延伸而矫平。（　　）

5. 矫正薄板四周呈波浪形的变形时，锤击方向应由外向内，锤击的密度和力度也要逐渐增加。（　　）

6. 矫正厚钢板的弯曲变形时，可用大锤直接锤击凸起处，但锤击力不应超过材料的屈服强度。 （ ）

7. 窄钢板条变形由于同时存在双向弯曲变形和扭曲变形，矫正时应严格按照正确的矫正工序进行。 （ ）

8. 用扳扭法矫正窄钢板条扭曲变形，是在钢板条扭曲处的一端施加反向扭曲力，使钢板条所产生的新扭曲与原有的扭曲变形相互抵消。 （ ）

9. 厚度较小的钢板条立弯，可用大锤直接击打凸起面。 （ ）

10. 角钢变形主要为弯曲变形，但小型角钢较易产生多种变形。 （ ）

§5—4 火焰矫正

一、填空题（将正确答案填写在横线上）

1. 火焰矫正时，应对变形钢材或构件纤维________处的金属进行有规律的火焰集中加热，并达到一定的________，使该部分金属获得不可逆的________。冷却后，对周围的材料产生________，使变形得到矫正。

2. 金属具有热胀冷缩的特性，局部加热时，被加热部分的金属________，由于周围金属温度________，________受到阻碍，使加热部分金属受到________。当加热温度达到600～700 ℃时，压应力超过________，即产生塑性变形。

3. 火焰矫正能获得相当大的________，矫正________明显。

4. 火焰矫正设备________，方法________，操作________。

5. 火焰矫正不仅在准备工序中用于________和________的矫正，而且广泛地应用于金属结构在制造过程中各种________的矫正。

6. 经火焰局部加热，产生塑性变形的部分金属冷却后都趋于________，引起结构新的________，这是________的基本规律。

7. 影响火焰矫正效果的因素有________、________、________、________、________。

8. 火焰在工件上加热的位置对矫正效果影响很大。由于加热金属冷却以后都是________的，因此一般总是把加热位置选在金属________、________的部位。

9. 火焰矫正时，若火焰热量不足，势必延长________时间，降低工件上的________，加热处和周围金属________减小，从而________矫正效果。

10. 火焰矫正所获得的矫正力和加热面积成________比，达到热塑状态的________大，得到的矫正力________。

11. 工件的刚度和变形越大，加热的________也应越大。必要时可以多次加热，但加热的位置应________。

12. 火焰加热时，若冷水急冷，可提高________，这种方法称为________。

13. 火焰矫正的加热方式，按加热区的形状分为________、________和________三种。

14. 火焰矫正的线状加热方式多用于矫正____________和____________的结构。

15. 火焰矫正的三角形加热方式常用于矫正____________和____________构件的变形，或用于矫正____________中钢板自由边缘的____________变形。

16. 火焰矫正的三角形加热方式中，三角形的顶角约为____________；矫正型材或焊接梁时，三角形的高度应为幅板高度的____________。

17. 用火焰矫正法矫正钢板四边波浪变形时，首先要将被矫正的钢板放在平台上，并用羊角卡压紧____________，使变形尽量集中在____________的那条边。

18. 用火焰矫正法矫正薄板中间凸起而四周较平整时，是将薄钢板____________向上置于平台上，四周用卡子压紧，对称地从____________向____________点状加热____________部位。

19. 焊接梁较常见的是____________变形，有时也有____________变形。

20. 焊接工字梁立拱和旁弯的矫正均可采用____________加热方式，加热位置应在工件弯曲的____________，并应____________分布。矫正立拱时，以加热____________为主，必要时也需要对工字梁的____________适当加热；矫正旁弯时，只要加热____________两翼板即可。

二、选择题（将正确答案的代号填入括号内）

1. 火焰矫正的温度为（　　）℃。

A. 500～600　　B. 600～700　　C. 700～1 000

2. 用火焰矫正零部件的弯曲变形时，加热位置应选择在材料弯曲部分的（　　）。

A. 凸侧　　B. 中间　　C. 凹侧

3. 火焰矫正的过程是钢材由（　　）的过程。

A. 旧变形到新变形　　B. 新变形到旧变形　　C. 弹性变形到塑性变形

4. 火焰矫正的效果取决于加热的（　　）。

A. 位置和冷却速度　　B. 位置和热量　　C. 热量和冷却速度

5. 当薄钢板不平时，火焰矫正应采用（　　）加热方式。

A. 点状　　B. 线状　　C. 三角形

6. 采用点状加热矫正薄钢板的凸起变形时，加热点的大小与钢板的（　　）有关。

A. 材质　　B. 面积　　C. 厚度

7. 采用点状加热矫正薄钢板的凸起变形时，可以辅以浇水急冷和木锤锤击，其目的是（　　）。

A. 加速冷却　　B. 加速收缩　　C. 防止矫正过度

8. 火焰矫正时，线状加热后的钢板，其纵向收缩（　　）横向收缩。

A. 大于　　B. 等于　　C. 小于

9. 火焰矫正工字钢旁弯时，常采用（　　）加热方式。

A. 点状　　B. 线状　　C. 三角形

10. 加热区冷却后，热膨胀处向中心收缩是（　　）加热的特点。

A. 三角形　　B. 点状　　C. 线状

11. 加热区冷却后，加热区的横向收缩量比纵向收缩量大是（　　）加热的特点。

A. 三角形　　B. 点状　　C. 线状

12. 用氧乙炔焰加热矫正薄钢板时，加热火焰应采用（　　）。

A. 中性焰　　B. 氧化焰　　C. 碳化焰

13. 火焰矫正的最高温度不能超过（　　）℃，过热会使金属材料的力学性能变差。

A. 600　　B. 800　　C. 1 000

14. 火焰矫正（　　）时，不允许采用浇水急冷的方法。

A. 低碳钢　　B. 中碳钢　　C. 高碳钢

15. 薄板变形的火焰矫正过程中，若需要锤击时，应采用（　　）。

A. 大锤　　B. 锤子　　C. 木锤

16. 结构件产生变形都是由于其（　　）较低的缘故。

A. 强度　　B. 刚度　　C. 硬度

17. 在矫正结构件变形时，由于受条件的限制，采用较多的矫正方法是（　　）。

A. 机械矫正　　B. 全加热矫正　　C. 火焰矫正

三、判断题（正确的打"√"，错误的打"×"）

1. 火焰矫正是利用金属局部加热后所产生的塑性变形去抵消原有的变形，从而达到矫正变形的目的。（　　）

2. 一般低碳钢，当温度达到400～500 ℃时，屈服强度接近于零，此时金属材料的变形主要是塑性变形。（　　）

3. 火焰矫正不仅限于钢材，更多地被用作矫正不同尺寸和不同形式的各种钢结构的变形。（　　）

4. 火焰矫正设备简单、方法灵活、操作方便。（　　）

5. 火焰矫正不能消耗金属材料的塑性储备。（　　）

6. 当加热方式、位置和火焰热量都相同时，所获得矫正变形量的大小与工件本身的刚度有关。工件刚度越高，变形越大。（　　）

7. 火焰在工件上加热的位置对矫正效果有很大影响。错误的加热位置，不仅收不到矫正的效果，还会加剧原有的变形或使变形更趋复杂。（　　）

8. 火焰在工件上加热的位置相对于结构中性轴的距离十分重要，距离越远，变形越小，效果越差。（　　）

9. 火焰矫正时，加热的时间越长，热量越充足，矫正效果越好。（　　）

10. 采用火焰加热矫正时，产生的新变形方向与原来的变形方向相反。（　　）

11. 火焰矫正时，工件的刚度和变形越大，其加热的总面积也应越大。（　　）

12. 用火焰矫正厚钢板变形时，若加热时间短、速度快，则钢板在厚度方向产生的温差较大，矫正效果好。（　　）

13. 火焰矫正不仅适用于塑性较好的金属材料，也适用于高合金钢、铸铁等脆性金属材料。（　　）

14. 为了提高矫正效率，所有钢材火焰矫正时都可以采用浇水急冷的方法。（　　）

15. 火焰矫正时，如有必要可以多次加热，但加热的位置不应重复。（　　）

16. 对于火焰矫正来说，金属的冷却速度对矫正效果并无明显影响。（　　）

17. 火焰矫正的原理是将工件上“紧”的部位变“松”。 ( )

18. 用火焰矫正薄钢板的变形时，一般采用三角形加热方式。 ( )

19. 用火焰矫正槽钢和工字钢的变形时，一般采用点状加热方式。 ( )

20. 采用三角形加热进行火焰矫正时，如果材料较厚，应采用两面加热的方式，且两面的位置、形状要一致。 ( )

21. 当材料太厚时，即使是低碳钢，火焰矫正时也不允许浇水。原因是材料里、表冷却速度不一致，容易使材料内部产生裂纹。 ( )

22. 进行火焰矫正时，不能利用机具的牵、拉、顶、压等形式，否则就不能称为火焰矫正。 ( )

四、简答题

1. 简述火焰矫正的原理。

2. 火焰矫正具有哪些特点？

3. 影响火焰矫正效果的因素有哪些？

4．在火焰矫正时，什么情况用中性焰？什么情况用氧化焰？

5．在火焰矫正中浇水急冷的目的是什么？哪些材料不允许浇水急冷？

§5—5　高频热点矫正

一、填空题（将正确答案填写在横线上）

1．高频热点矫正是________________________在生产中的应用。

2．高频热点矫正不仅可以矫正钢材的__________，而且对大型复杂结构__________后的变形矫正也十分方便。

3．高频热点矫正加热位置的选择与____________相同。

4．高频热点矫正的原理，对于矫正工件来说和____________的原理是相同的，区别在于两者的____________。

5．高频感应圈的尺寸应尽可能做得____________；否则，将会因____________过大，____________过慢而影响矫正效果。

二、选择题（将正确答案的代号填入括号内）

1．高频加热区的大小取决于高频感应圈的（　　）。

A．形状　　　　B．尺寸　　　　C．形状和尺寸

2．高频加热时间一般只需（　　）s，即可使加热区的温度达到 800 ℃左右。

A．1 ~ 2　　　　B．4 ~ 5　　　　C．9 ~ 10

三、判断题（正确的打“√”，错误的打“×”）

1．高频热点矫正是变形矫正的新工艺。　（　　）

2．火焰矫正使用的热源由氧乙炔焰提供，而高频热点矫正则采用交变磁场在金属内部产生的热源。　（　　）

四、简答题

1．简述高频热点矫正的工作原理。

2．高频感应圈的形状和尺寸如何确定？

第六章 下 料

§6—1 剪 切

一、填空题（将正确答案填写在横线上）

1. 下料是将零件或毛坯从__________上分离下来的工序。冷作工常用的下料方法有__________、__________、__________、__________等。

2. 剪切是冷作工应用的主要下料方法，具有__________、__________比较光洁、能切割__________及各种__________等优点。

3. 剪切加工的方法很多，但其实质都是通过上、下剪刃对材料施加__________，使材料发生__________，最后断裂分离。

4. 在剪刃口开始与材料接触时，材料处于__________阶段。

5. 材料剪断面上具有明显的区域性特征，可以明显地分为__________、__________、__________和__________四个部分。

6. 剪断面上的塌角、光亮带、剪裂带和毛刺四个部分在整个剪断面上的分布比例，随材料的__________、__________、__________和剪切时的__________等剪切条件的不同而发生变化。

7. 剪刃口锋利，__________容易挤压切入材料，有利于增大__________，而较大的剪刃前角 γ 可增加刃口的__________。

8. 剪刃间隙较大时，材料中的__________将增大，易产生__________，塑性变形阶段较早结束，因此光亮带要小一些，而剪裂带、塌角和毛刺都比较大。

9. 剪刃间隙较小时，材料中的拉应力__________，裂纹的产生受到__________，所以光亮带变大，而塌角、剪裂带等均减小。

10. 剪刃间隙__________均将导致上、下两方面的裂纹不能重合于一线。间隙过小时，剪断面出现__________和__________；间隙过大时，__________、__________、__________和斜度均增大，表面极粗糙。

11. 若将材料压紧在下剪刃上，则可__________拉应力，从而__________光亮带。此外，材料的__________好，__________小，也可以使光亮带变大。

12. 斜口剪剪刃在剪切中作用于材料上的剪切力可分解为__________、__________及__________。

13. 剪刃斜角增大到一定数值时，将因__________过大，使材料从刃口中推出而无法进行剪切。因此，剪刃斜角的大小应以剪切时材料__________为极限。

14. 对于斜口剪来说，由于离口力的存在，剪切材料待剪部分将有向__________一侧滑动的趋势。

15．由于________________和________________双向力的作用，被剪下的材料将发生__________变形。

16．在剪切过程中，由于存在剪刃间隙，将对材料产生一个__________，为不使材料在剪切过程中__________，提高剪切质量，就需要给材料施以__________。

17．剪刃斜角一般在__________之间。横入式斜口剪床的剪刃斜角为__________，龙门式斜口剪床的剪刃斜角为__________。

18．前角 γ 是剪刃的一个重要几何参数，其大小不仅影响__________和__________，而且直接影响__________。冷作工剪切钢材时斜口剪 γ 值通常为__________。

19．后角 α 的作用主要是减小______________与______________的摩擦，通常取 $\alpha=$__________。

20．剪刃间隙是为避免__________碰撞，减小__________和改善__________的一个几何参数，合理间隙值的确定主要取决于被剪材料的__________和__________。

21．剪切机械的种类很多，按结构形式不同分为______________、__________、__________、__________、__________、__________和__________。

22．剪切直线的剪床有________________、________________和________________。

23．剪切曲线的剪床有________________和________________。

24．振动剪床可在板料上剪切各种__________和__________。

25．联合剪冲机床可以剪切__________和__________，并能进行小零件__________和__________。

26．龙门式斜口剪床设置压料板是为了防止剪切时板料的__________和__________，以保证__________。

27．龙门式斜口剪床设置栅板，用来防止__________或__________进入剪口。

28．龙门式斜口剪床设置的前、后挡板在剪切时主要起__________。在剪切数量较多、尺寸相同的零件时，利用挡板__________剪切，可提高__________，并能保证__________。

29．钢材经过剪切加工，将引起__________和__________的某些变化，对钢材的__________造成一定的影响。

30．剪切窄而长的条形板料时将产生明显的__________和__________复合变形。

31．剪切使被剪材料的边缘产生__________现象。

32．液压传动剪板机分为__________和__________两种。

二、选择题（将正确答案的代号填入括号内）

1．斜口剪上剪刃的侧面与垂直平面之间形成的夹角为（　　）。

A．前角　　B．后角　　C．剪刃楔角

2．斜口剪上剪刃的底面与水平面之间形成的夹角为（　　）。

A．前角　　B．后角　　C．剪刃楔角

3．斜口剪上剪刃的底面与侧面之间形成的夹角为（　　）。

A. 前角　　B. 后角　　C. 剪刃楔角

4. 剪刃间隙较大时，剪裂带、塌角、毛刺和斜度都比较（　　）。

A. 大　　B. 小　　C. 合适

5. 在剪切过程中，由于剪刃斜角 φ 的存在，材料被逐渐分离，若 φ 角增大，材料的瞬时剪切长度（　　）。

A. 变长　　B. 变短　　C. 没有变化

6. 在剪切过程中，由于剪刃斜角 φ 的存在，材料被逐渐分离，若 φ 角增大，则所需的剪切力（　　）。

A. 没有变化　　B. 增大　　C. 减小

7. 利用斜口剪床剪切时，被剪切的材料常发生（　　）变形。

A. 弯曲　　B. 扭曲　　C. 弯扭复合

8. 剪刃前角 γ 是剪刃的一个重要几何参数，增大前角 γ，可以（　　）。

A. 提高剪刃的强度　　B. 增加刃口的锋利程度　　C. 使离口力减小

9. 钢材的塑性越好，剪切的变形区域越大，冷加工硬化区域的宽度（　　）。

A. 越大　　B. 越小　　C. 不发生变化

10. 在下列各种形式的剪板机中，（　　）剪下的工件变形最小。

A. 斜刃剪板机　　B. 平刃剪板机　　C. 振动剪床

11. 剪切机械的操纵机构主要控制（　　）的动作。

A. 离合器　　B. 制动器　　C. 离合器和制动器

12. 在剪板机的下列参数中，只有（　　）是可调的。

A. 剪刃前角　　B. 剪刃后角　　C. 上、下剪刃间隙

三、判断题（正确的打“√”，错误的打“×”）

1. 剪切是冷作工使用的一种主要下料方法。（　　）

2. 剪切机械只能进行板材的切割。（　　）

3. 为掌握剪切加工技术，必须了解剪切加工中材料的变形和受力状况、剪切加工对剪刃几何形状的要求及剪切力的计算等基础知识。（　　）

4. 材料剪断面上的塌角，是当剪刃压入材料时，刃口附近的材料被牵连拉伸变形的结果。（　　）

5. 材料剪断面上的光亮带是由剪刃挤压切入材料时形成的，该表面较为粗糙。（　　）

6. 剪刃前角越大，刃口就越锋利，但不一定有利于剪切。（　　）

7. 提高剪断面质量的措施只能是增加剪刃刃口的锋利程度。（　　）

8. 取合理剪刃间隙的最小值是提高剪断面质量的一项措施。（　　）

9. 将被剪材料压紧在下剪刃上也可以提高剪断面质量。（　　）

10. 就所有的剪床而言，在剪切中剪刃作用于材料上的剪切力都可以分解为纯剪切力、水平推力及离口力。（　　）

11. 剪刃斜角增大可以减小剪切力，因此剪刃斜角越大越好。（　　）

12. 尽管剪刃前角增大有利于使剪刃口锋利，但过大的前角将导致离口力过大，从而影响定位剪切。（　　）

13. 剪刃楔角β随着前角γ和后角α的确定而确定。（　）

14. 剪刃间隙的设置就是为了避免上、下剪刃的碰撞。（　）

15. 平刃剪切时，由于剪刃同时与材料接触，材料受力均匀，切下的工件变形小。（　）

16. 斜刃剪切时，剪下的工件变形较大是由于剪切力较大的缘故。（　）

17. 只要被剪材料的厚度不超过剪床允许的最大剪切厚度，就可以使用剪床剪切。（　）

18. 在龙门式斜口剪床传动系统中，离合器和制动器要经常检查及调整，否则易造成剪切故障。（　）

19. 在龙门式斜口剪床上剪切工件，有多种工件对线定位方法，操作时可灵活运用。（　）

20. 即使工件的轮廓线全是直线，也应注意在钢板上的排列，否则有可能无法进行剪切。（　）

21. 利用挡板进行批量剪切时，首件检查和抽检工件的尺寸都是必要的。（　）

四、简答题

1. 剪切加工具有哪些优点？

2. 提高剪断面质量的主要措施有哪些？

3. 斜口剪剪刃作用于材料上的剪切力可分解为哪几个力？

4. 为什么剪刃斜角 φ 和前角 γ 不能过大，需加以限制？

5. 在斜口剪床上剪切窄条料时会发生什么变形？为什么？

6. 剪切时为什么需要给被剪材料施以附加压料力？

7. 龙门式斜口剪床的优点有哪些？

8. 龙门式斜口剪床的工艺装备有哪些？其作用各是什么？

9. 剪切加工将对钢材造成哪两方面的影响？

五、计算题

1. 某台斜口剪床，其剪刃斜角为5°，最大剪板厚度为20 mm，试问用该剪板机剪切铜板时最大剪板厚度为多少（假设该剪板机原来的最大剪板厚度是按Q235A钢计算得出的，$\tau_{钢}=340$ MPa，$\tau_{铜}=240$ MPa）？

2. 设Q11—13×2500型龙门式斜口剪床的额定最大剪切厚度为13 mm，现要剪切已退火的不锈钢钢板1Cr18Ni9Ti，其板厚为12 mm，试问能否剪切（已知不锈钢的抗剪强度为510 MPa，Q235A钢的抗剪强度为340 MPa）？

§6—2 冲 裁

一、填空题（将正确答案填写在横线上）

1．冲裁的基本原理与剪切相同，只不过是将剪切时的直线刀刃改变成__________或__________的刀刃而已。

2．板料在冲裁力作用下的分离过程是__________完成的，此过程可以分为__________、__________和__________三个阶段。

3．一般来讲，冲裁时间往往取决于材料__________，材料较脆时，持续时间__________。

4．冲裁也是钢材切割的一种方法，对成批生产的__________或__________，应用冲裁下料，可提高__________和__________。__________与__________是两项标志冲床工作能力的指标。

5．冲床的闭合高度是指滑块在最低位置时__________至__________的距离。冲床的闭合高度应与__________的闭合高度相适应。

6．滑块的行程是指滑块从__________至__________所滑行的距离，也称为__________。

7．冲裁时模具尺寸应与__________尺寸相适应，保证模具能牢固地__________。

8．冲裁力是选择__________和确定__________的一项重要依据。

9．为降低冲裁力，解决__________能力不足的问题，可采用__________、__________和__________的办法。

10．为了制取平整的零件，落料时，应将斜刃制在__________上，__________是平刃；冲孔时，应将斜刃制在__________上，__________是平刃。为避免在冲裁过程中产生使模具水平移动的__________，斜刃应__________布置。

11．为使冲裁力峰值不同时出现，可将多冲头冲模做成__________。

12．阶梯冲模要注意使各阶梯凸模尽量__________，而且细冲头应尽量做得__________。

13．板料加热后，其__________大大降低，使得冲裁力减小。

14．冲裁模具的结构形式很多，但无论哪种形式，其结构组成都要考虑__________、__________、__________、__________、__________五个方面。

15．冲裁模具间隙是一个重要的工艺参数，合理的间隙除能保证工件良好的__________和较高的__________外，还能降低__________，延长模具的__________。

16．合理的冲裁间隙大小与很多因素有关，其中最主要的是冲裁件材料的__________和__________。

17．为保证冲裁件质量和模具的使用寿命，冲裁时，材料在凸模工作刃口外侧应留有足够的__________，即__________。

18. 冲裁加工时的合理排样是降低____________的有效途径。合理排样是在保证必要____________的前提下，尽量减少废料，最大限度地提高原材料的____________。

19. 各种冲裁件的具体排样方法应根据冲裁件____________、____________和____________灵活考虑。

20. 零件冲裁加工部分的最小尺寸与零件的____________、____________及材料的____________有关。

21. 安装模具时，要使____________压力中心与____________压力中心相吻合，且要保证凸模、凹模____________均匀。

二、选择题（将正确答案的代号填入括号内）

1. 当冲床能力不足时常采用加热冲裁的方法，其加热温度一般取（　　）℃。
   A. 300～500　　B. 500～700　　C. 700～900
2. 冲裁件的尺寸、尺寸精度和冲裁模间隙都取决于（　　）刃口的尺寸和公差。
   A. 凸模　　B. 凹模　　C. 凸模和凹模
3. 冲裁时，落料件的尺寸接近于（　　）刃口的尺寸。
   A. 凸模　　B. 凹模　　C. 凸模和凹模
4. 冲裁时，冲孔件的尺寸接近于（　　）刃口的尺寸。
   A. 凸模　　B. 凹模　　C. 凸模和凹模
5. 在冲床每一冲程中只完成一道冲裁工序的模具称为（　　）冲裁模。
   A. 简单　　B. 复合　　C. 连续

三、判断题（正确的打“√”，错误的打“×”）

1. 冲床滑块行程的大小应能保证冲床冲裁时顺利地进料、退料。（　　）
2. 用普通平刃冲模进行冲裁时，是沿整个冲裁线同时发生剪切作用的，所以冲裁力较小。（　　）
3. 加热冲裁会使工作条件变差，但可以提高零件的质量。（　　）
4. 制造新模具时，应采用合理间隙的最大值。（　　）
5. 冲裁加工时的合理排样是降低生产成本的有效途径。（　　）
6. 合理的冲裁间隙大小与板厚有关。（　　）
7. 为了制取平整的零件，落料时应将斜刃制在凹模上。（　　）
8. 滑块的行程也称为冲程。（　　）
9. 板料冲裁的分离过程分为三个阶段，第三阶段时冲裁力达到最大值。（　　）
10. 材料较脆时，冲裁时间较长。（　　）

四、简答题

1. 板料冲裁分离过程分为哪三个阶段？简述板料的各分离过程。

2．冲床主要的技术性能参数有哪些？

3．冲床按传动结构划分有哪几种？

4．可采用哪些办法降低冲裁力？为什么要降低冲裁力？

5．简单冲裁模结构由哪几部分组成？各部分的作用是什么？

6．冲裁模具间隙是一个重要的工艺参数，采用合理间隙的好处有哪些？

7. 应按什么原则确定冲裁模具凸模、凹模刃口尺寸？

8. 什么是落料？什么是冲孔？

五、计算题

1. 已知某冲裁件的厚度 $t=1$ mm，冲裁周长通过计算为 1 200 mm，材料的抗剪强度 $\tau=400$ MPa，试求冲裁力为多少（k 取 1.3）？

2. 采用平刃冲模，在厚度为 10 mm、抗剪强度为 340 MPa 的低碳钢钢板上冲孔，孔径 $d=50$ mm，试求所需冲裁力为多少（k 取 1.3）？

3. 计算图 6－1 所示冲裁件的冲裁力（设材料的抗剪强度 $\tau=320$ MPa，k 取 1.3）。

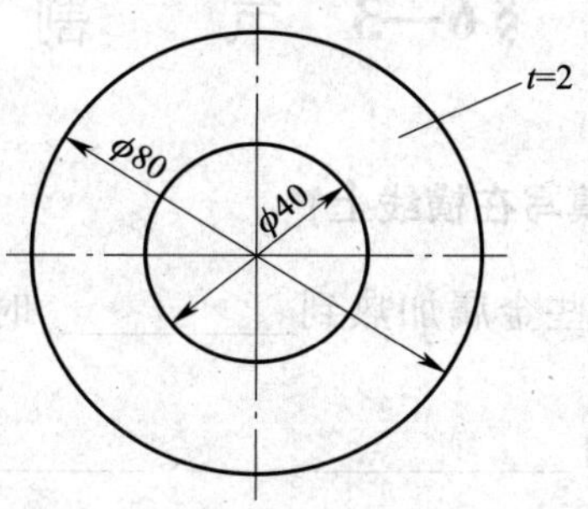

图 6－1

4. 计算图 6－2 所示冲裁件的冲裁力（设材料的抗剪强度 $\tau=360$ MPa，k 取 1.3）。

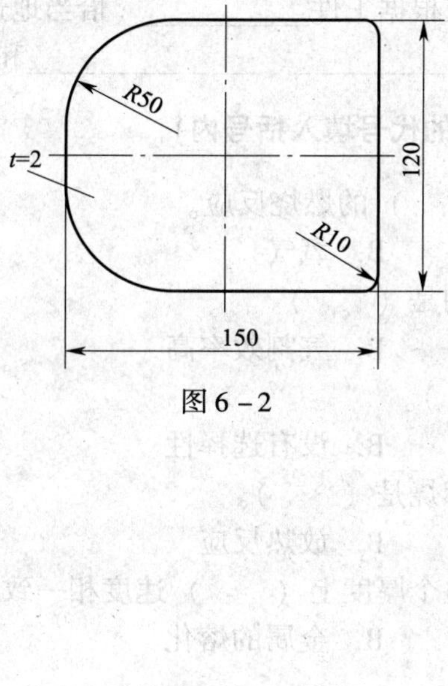

图 6－2

§6—3　气　割

一、填空题（将正确答案填写在横线上）

1. 氧乙炔焰气割是根据某些金属加热到＿＿＿＿＿＿时，在氧气流中能够＿＿＿＿＿＿的原理实现的。

2. 氧乙炔焰气割的过程由＿＿＿＿＿＿＿、＿＿＿＿＿＿＿和＿＿＿＿＿＿＿三个阶段组成。

3. 气割的主要缺点是易引起＿＿＿＿＿＿和切口附近＿＿＿＿＿＿的改变，而且对切割材料有＿＿＿＿＿＿。

4. 能满足气割条件的金属材料有＿＿＿＿＿＿＿、＿＿＿＿＿＿＿、＿＿＿＿＿＿＿和＿＿＿＿＿＿＿。

5. 按规定，氧气瓶外表应漆成＿＿＿＿＿＿，并用＿＿＿＿＿＿标注"氧气"字样。

6. 乙炔气瓶体外表漆成＿＿＿＿＿＿，并用＿＿＿＿＿＿标注"乙炔"字样。

7. 为便于识别，氧气胶管采用＿＿＿＿＿＿色，乙炔胶管采用＿＿＿＿＿＿色。

8. 割炬的种类很多，按形成混合气体的方式不同，可分为＿＿＿＿＿和＿＿＿＿＿两种，按用途不同又可分为＿＿＿＿＿＿、＿＿＿＿＿＿及＿＿＿＿＿＿＿＿＿＿＿。

9. 预热火焰能率的大小应根据工件＿＿＿＿＿＿恰当地选择。

10. 氧气压力应根据＿＿＿＿＿＿＿、＿＿＿＿＿＿＿和＿＿＿＿＿＿＿选定。

二、选择题（将正确答案的代号填入括号内）

1. 气割的实质是铁和（　　）的燃烧反应。
   A. 乙炔　　B. 氧气　　C. 空气

2. 气割与剪切的主要区别是（　　）。
   A. 气割的断面质量高　　B. 气割效率高　　C. 剪断面质量高于气割

3. 气割对切割材料（　　）。
   A. 有选择性　　B. 没有选择性　　C. 均适用

4. 满足气割条件的金属燃烧是（　　）。
   A. 吸热反应　　B. 放热反应　　C. 物理反应

5. 气割速度必须与切口整个厚度上（　　）速度相一致。
   A. 金属的氧化　　B. 金属的熔化　　C. 乙炔燃烧

三、判断题（正确的打"√"，错误的打"×"）

1. 气割可以切割任意厚度的钢材。（　　）

2. 气割可实现空间任意位置的切割。（　　）

3. 能被氧乙炔焰切割的金属，其熔点必须高于其燃点。（　　）

4. 满足气割条件的金属燃烧时应能放出大量的热，而且金属本身的导热性要好。（　　）

5. 金属本身的熔点只有低于该金属氧化物的熔点，同时流动性要好，才能应用氧乙炔焰切割工艺。（ ）

6. 凡是碳素钢都能满足氧乙炔焰气割条件。（ ）

7. 用氧乙炔焰切割时，预热火焰能率选择得越恰当，切割质量越好。（ ）

8. 气割时，氧气压力大小应适当，过大或过小都对气割不利。（ ）

9. 气割时，在氧气压力不变的条件下，割嘴的规格越大，所能切割钢板的厚度越大。（ ）

10. 乙炔气瓶放置灵活，既可横放，又可立放，使用起来特别方便。（ ）

11. 氧气瓶既可横放，又可立放。（ ）

四、简答题

1. 试述气割的优点和缺点。

2. 简述气割的过程。

3. 能进行气割的金属材料必须满足哪些条件？

4. 铸铁为什么不能用普通方法气割？

5. 气割工艺规范主要有哪些内容？

§6—4 等离子弧切割

一、填空题（将正确答案填写在横线上）

1. 为了利于热发射，使等离子弧稳定燃烧，以及减少____________，等离子弧切割时一般都把____________接负极，____________接正极，即所谓正接法。

2. 喷嘴孔径的大小应根据切割____________和____________确定。使用 $Ar + N_2$ 混合气体时，喷嘴孔径可适当____________，使用 N_2 时应____________。

3. 切割速度应根据________________、________________和________________来确定。

4. 等离子弧切割过程中会产生__________、__________、__________及__________等，对环境造成严重污染。

二、选择题（将正确答案的代号填入括号内）

1. 等离子弧能够切割（　　）材料。

A. 金属　　B. 非金属　　C. 金属或非金属

2. 等离子弧切割采用（　　）引弧。

A. 高频振荡器　　B. 撞击法　　C. 划擦法

三、判断题（正确的打“√”，错误的打“×”）

1．等离子弧切割速度高，热影响区小，工件变形小，但切口宽，切口质量差。（ ）

2．等离子弧切割时的弧光及紫外线对人的皮肤及眼睛均有伤害。（ ）

3．切割速度根据工件厚度确定即可。（ ）

4．等离子弧切割时已产生电弧，所以没有电击的危险。（ ）

四、简答题

1．简述等离子弧切割的原理。

2．简述等离子弧切割的特点。

§6—5 数控切割

一、填空题（将正确答案填写在横线上）

1．数控切割前，应进行空车试运行，以检验切割机的________是否符合________要求。

2．切割过程中易出现断割现象，主要是________或________所致。

3．数控切割前的准备工作主要包括________、________、________、________及辅助工作等。

4．数控切割完全可以代替手工下料的几个工序，实现了切割下料的________，提高了下料的________，减轻了工人的________。

5．数控切割是精确的切割，使装配后得到的坡口间隙________、________，又减小了________，使焊后________的工作量减少。

6．数控切割程序的编制方法有________和________两种。

7．数控切割机的组成包括____________和____________两大部分。

8．数控切割操作中，操作者要注意观察割枪的工作状态，如果出现________________或____________等情况时应立即停止切割。

9．数控切割空车试运行中，操作者应注意观察割枪的____________、____________、____________是否满足图样要求。

二、选择题（将正确答案的代号填入括号内）

1．数控切割的钢材利用率要比手工切割的钢材利用率（　　）。

A．高10%～15%　　B．相等　　C．低10%～15%

2．数控切割的精度与手工切割的精度相比（　　）。

A．数控切割精度高　　B．相同　　C．手工切割精度高

3．铺设钢板时要求钢板边缘与数控切割机轨道保持平行，误差不大于（　　）mm。

A．2　　B．4　　C．6

三、判断题（正确的打"√"，错误的打"×"）

1．数控切割代替了原来手工操作的放样、号料、切割或剪切工序。（　　）

2．数控切割机的割炬实际运动轨迹与零件图形完全吻合。（　　）

3．HMJ—000小型龙门式数控火焰等离子切割机具有等离子切割和火焰切割两种功能。（　　）

4．数控切割所绘制的电子图样除保留切割线条外，中心线和尺寸线等线条也需要保留。（　　）

四、简答题

1．简述数控切割的操作过程。

2．数控切割具有哪些优点？

第七章　零件的预加工

§7—1　钻　孔

一、填空题（将正确答案填写在横线上）

1. 钻削加工时，钻头绕轴线做的旋转运动称为__________，钻头对着工件做的直线前进运动称为__________。由于这两种运动是同时连续进行的，因此钻头切削刃上各点是做__________来完成钻孔的。

2. 钻孔时，加工的精度只能达到__________级，表面粗糙度值为__________ μm，适用于加工要求不高的孔。

3. 钻头的种类很多，分为__________、__________、__________等。

4. 麻花钻由__________、__________和__________组成。其中，__________由__________和__________组成。

5. 钻头的钻柄分为两种：一种是__________，只适用于直径在__________ mm 以内的钻头；另一种是__________，适用于直径大于 13 mm 的钻头。

6. 钻头的导向部分在切削过程中能保持钻头正直的__________，并具有__________的作用，同时还是切削部分的__________。

7. 标准麻花钻顶角 2φ 为__________。

8. 主切削刃上任意一点的__________是该点前面的切线与基面在主正交平面上投影的夹角。

9. 钻头主切削刃上任意点处的切削平面与后面之间的夹角称为__________。后角的大小在主切削刃上各点都不相同，越靠近中心处后角__________，约为__________；越靠近边缘处后角__________，约为__________。

10. 横刃斜角 ψ 是钻头__________和__________之间的夹角。

11. 冷作工常用的钻孔设备和工具有__________、__________、__________及__________等。

12. 台式钻床的规格有__________和__________两种。

13. 立式钻床可加工不同材料以及进行钻、__________、__________、__________和__________等工作。

14. 手持电动工具必须安装__________。其主要作用是电动工具发生__________的同时__________，而起着防触电的保护作用。

15. 漏电保护器的分类有__________和__________，其规格为__________。

16. 钻孔前必须将工件__________，以防钻孔时因工件移动、旋转而__________，或使钻孔位置____________。

17. 在钻削过程中，由于切屑的____________和钻头与工件摩擦所产生____________，将降低钻头的____________，严重时将引起钻头切削部分____________，对钻孔质量有一定影响。

18. 切削用量是____________、____________和____________的总称。

19. 钻孔的切削速度是钻削时钻头直径上一点的____________。

20. 在实心材料上钻孔时，背吃刀量等于钻头的____________。

二、选择题（将正确答案的代号填入括号内）

1. 当工件较大、不易移动时，选用（　　）钻孔比较合适。
   A. 台式钻床　　B. 立式钻床　　C. 摇臂钻床
2. 钻头的横刃斜角一般应为（　　）。
   A. 40°~50°　　B. 50°~55°　　C. 55°~60°
3. 直柄钻头传递的转矩比锥柄钻头传递的转矩（　　）。
   A. 大　　B. 小
4. 一般钻软材料时钻头顶角应（　　）。
   A. 大一些　　B. 小一些　　C. 不变
5. 钻头顶角变小，主切削刃（　　）。
   A. 变长　　B. 变短　　C. 不变

三、判断题（正确的打“√”，错误的打“×”）

1. 钻头的柄部只起夹持作用。（　　）
2. 钻头的螺旋槽是用来排屑的。（　　）
3. 钻头顶角的大小与所钻材料的性质有关，一般钻软材料时顶角应选小一些。（　　）
4. 钻头后角的大小在主切削刃上的各点是不同的，越靠近中心越大。（　　）
5. 锥柄钻头柄部扁尾的作用是便于用楔铁把钻头从主轴或钻头套中退出。（　　）
6. 直柄钻头传递的转矩较小，锥柄钻头传递的转矩较大。（　　）
7. 钻头横刃斜角的大小与后角的大小有关，当刃磨后角大时，横刃斜角就会增大。（　　）
8. 合理地选择切削用量，可防止钻头过早磨损或损坏，防止机床过载，提高工件的钻削精度和改善孔的表面质量。（　　）
9. 在实心材料上钻孔时，背吃刀量为切屑的厚度。（　　）
10. 不易移动的工件适合用立式钻床进行钻孔。（　　）
11. 电钻是用手直接握持使用的一种钻孔工具，使用灵活，携带方便。（　　）
12. 电钻的电源电压一般只有 220 V 一种。（　　）

四、简答题

1．什么是零件的预加工？

2．试述麻花钻各组成部分的名称及作用。

3．试述标准麻花钻切削部分各参数。

4．什么情况下选用电钻钻孔？磁力电钻有哪些应用领域？

5．什么是切削用量？为什么要合理选择切削用量？

6．钻孔时为什么要加注足够的切削液？

7．钻削各种材料时应如何选用切削液？试举例说明。

五、计算题

1．某台钻床以375 r/min的转速钻孔时，切削速度为23.6 m/min，试求合适的钻头直径。

2. 某台钻床切削速度为25.8 m/min，钻头直径为8.5 mm，试选择合适的转速。

§7—2 开 坡 口

一、填空题（将正确答案填写在横线上）

1. 为了保证焊接__________和连接__________，在对接或角接时，在厚板的焊缝接头处__________。

2. 是否需要开坡口以及开坡口的形式与__________、__________、__________和__________、_______________等因素有关。

3. 焊接容易产生裂纹的低合金中、厚钢板或合金钢材时应选择__________坡口。

4. 开U形和双U形坡口的焊件，焊后的焊接_______和_______都很小。当钢板厚度为12～60 mm时，可采用__________坡口，这种坡口的金属填充量要比__________坡口少一半，工件焊后__________和__________比较小。

5. 开坡口的方法有__________、__________、__________。

6. 不论采用哪种方法加工的坡口都必须对其__________、__________做认真检查，这将给__________带来有利的影响。

二、选择题（将正确答案的代号填入括号内）

1. 是否需开坡口以及开坡口的形式与焊接方法（　　）。

　A. 有关　　　　　　　　B. 无关

2. 碳弧气刨的特点是比风铲切削效率（　　），特别适用于仰位、立位的刨切，无震耳的噪声，并能减轻劳动强度。

　A. 低　　　　　　　　　B. 高

3. 采用X形坡口时，其金属填充量要比V形坡口（　　），工件焊后变形和应力比较小。

　A. 大　　　　　　　　　B. 小

三、判断题（正确的打“√”，错误的打“×”）

1. 若坡口形式选择不当，容易产生较大的变形和内应力。（　　）

2. 利用碳弧的高温把金属局部熔化称为碳弧气刨。（　　）

3. 用气割的方法可以加工U形坡口。（　　）

4. U 形坡口比 V 形坡口焊后的变形大。 (　　)

5. 用碳弧气刨加工坡口时，可以用氧气将熔化的金属吹除。 (　　)

四、简答题

1. 选择坡口的形式应从哪几方面考虑？

2. 开坡口的方法有哪些？

3. 检查坡口的主要项目有哪些？

§7—3 磨　　削

一、填空题（将正确答案填写在横线上）

1. 电动角磨机是利用高速旋转的薄片砂轮以及橡胶砂轮、钢丝轮等对金属构件进行________、________、________、________等加工。

2. 直磨机的驱动方式主要有________、________和________。

二、简答题

1. 什么是磨削？

2. 简述磨削方法及注意事项。

第八章　弯形与压延

§8—1　弯形加工基础知识

一、填空题（将正确答案填写在横线上）

1. 在材料弯形的初始阶段，弯矩的数值不大，材料内应力的数值小于材料的________，仅使材料发生__________。

2. 材料内应力的数值开始超过其屈服强度，材料变形区的内表面、外表面由弹性变形过渡到__________状态。

3. 在弯形窄板材料__________时，内层金属受到切向压缩后，便向宽度方向流动，使内层__________；而外层金属受到切向拉伸后，其长度方向的不足便由宽度、厚度方向来补充，致使__________，因而整个横截面便产生__________。

4. 把平板毛坯、型材、管材等弯成一定的__________、____________，从而形成__________的零件，这样的加工方法称为弯曲成形。

5. 无论采用哪种弯曲成形方法，其弯形力都必须能使被弯形材料的__________超过其屈服强度。

6. 弹复现象的存在直接影响弯形件的_________，所以弯形加工中必须_________。

7. 弯曲成形时，当弯曲线与纤维方向__________时，材料不易断裂，弯形半径可以小一些。

8. 一般钢材在加热至500 ℃以上时，屈服强度__________，塑性显著__________，__________明显减小。

9. 材料在__________的情况下，所能弯曲的__________称为最小弯形半径。

二、选择题（将正确答案的代号填入括号内）

1. 钢材弯形过程中发生了（　　）变形。
   A. 弹性　　B. 塑性　　C. 弹性与塑性

2. 钢材弯形结束后发生了（　　）变形。
   A. 弹性　　B. 塑性　　C. 弹性与塑性

3. 板宽与板厚的关系（　　），称为窄板弯形。
   A. $B \leqslant 2t$　　B. $B \leqslant 3t$　　C. $B \leqslant 4t$

4. 在板厚一定的情况下，弯形力越大，弹复（　　）。
   A. 越大　　B. 越小　　C. 不变

5. 材料弯形时的相对弯形半径是指（　　）。

A. $r_{内}/t$　　B. $r_{中}/t$　　C. $r_{外}/t$

6. 材料的屈服强度越低，弯形的弹复（　　）。

A. 越小　　B. 越大

7. 当弯曲线方向与纤维方向垂直时，弯形半径可以（　　）。

A. 小一些　　B. 大一些

8. 材料的塑性越差，其允许的弯形程度越小，最小弯形半径也（　　）。

A. 越小　　B. 越大

9. 在确定钢材的热弯形温度时，必须充分考虑（　　）对钢材的影响。

A. 力学性能　　B. 使用性能　　C. 化学成分

三、判断题（正确的打"√"，错误的打"×"）

1. 中性层的外侧受拉伸长。（　　）
2. 窄板弯形时，内层金属由宽度向厚度方向流动。（　　）
3. 无论窄板、宽板，在变形区内材料的厚度均会变小。（　　）
4. 材料的相对弯形半径越大，其弹复程度越大。（　　）
5. 材料表面质量好的一面应放在弯板内侧。（　　）
6. 剪断面质量较好时，可采取较大的弯形半径。（　　）
7. 材料的纤维方向与弯曲线方向平行时，材料易断裂。（　　）
8. 钢材加热弯形时，最小弯形半径增大。（　　）

四、简答题

1. 什么是弯形？常用的弯形方法有哪些？

2. 简述钢材弯形时的变形规律，并指出弯形会使钢材发生什么变化。

3．确定弯形力的基本原则是什么？

4．弯形件发生弹复的原因是什么？影响弯形弹复值大小的主要因素有哪些？

5．什么是最小弯形半径？影响材料最小弯形半径的主要因素有哪些？

6．加热对钢材弯形有哪些影响？通常在什么情况下采用热弯形？

7. 钢材热弯形的温度为什么要限制在一定的范围内？Q235 钢的热弯形温度应如何确定？

§8—2 压 弯

一、填空题（将正确答案填写在横线上）

1. 在压力机床上使用______，进行______的加工方法称为压弯。

2. 压弯成形时，材料的弯曲变形可以有______、______和______三种方式。

3. 自由弯形多用于小批生产中______的压弯。

4. 为使材料能够在足够的______成形，必须计算其______，作为选择压力机床______的重要依据。

5. 压弯模的结构形式根据弯曲件的______、______及______等进行选择。

6. 冷作工所用的压弯模多数采用______，并且尽量少用或不用______零件。

7. 接触弯形或校正弯形主要靠______解决弹复问题。

8. 在单角弯曲时，将压模角度______，以解决弹复问题。

9. 在 U 形弯曲时，将凸模壁做出______的倾斜度或将凸模和凹模底部做成______。当弯曲弧较长时，则多采取______的办法。

10. V 形件弯曲时，凸模、凹模的间隙是靠调整压床______来控制的，不需要在______时确定。

11. 在弯形终了时进行______，可使圆角材料接近受压状态，从而减少回弹。

12. 制作自由弯形压弯模时，一般不考虑______、______等问题。

13．液压机是利用液体作为介质传递动力的，根据所用介质不同，分为＿＿＿＿＿＿和＿＿＿＿＿＿两种。

14．折弯是指金属板料沿＿＿＿＿＿＿进行弯曲，以获得具有一定＿＿＿＿＿＿＿＿或＿＿＿＿＿＿的工件。

15．安装压弯模时，应尽量使模具＿＿＿＿＿＿与压力机床压力中心＿＿＿＿＿＿，上模、下模＿＿＿＿＿＿，装夹要牢固。

16．对于局部需要弯成折边的零件，为避免角上的弯裂，应预先＿＿＿＿＿＿＿＿＿＿，或将＿＿＿＿＿＿＿＿＿＿。

二、选择题（将正确答案的代号填入括号内）

1．压弯时，U形件比V形件弹复（　　）。

A．大　　B．小　　C．相同

2．为了防止弯形件横截面畸变，板材弯形件宽度不得小于板厚的（　　）倍。

A．1　　B．2　　C．3

3．凹模的非工作圆角半径应（　　）弯形件相应部分的外圆角半径。

A．小于　　B．大于　　C．等于

4．U形件弯形时，凸模与凹模之间的间隙应（　　）板料的厚度。

A．小于　　B．大于　　C．等于

5．自由弯形比接触弯形所需的弯形力（　　）。

A．小　　B．大　　C．相同

6．安装压弯模时，应尽量使（　　）与压力机床的压力中心吻合。

A．凸模的几何中心　　B．凹模的压力中心　　C．模具的压力中心

7．自由弯形时，坯料与模具之间的接触是（　　）。

A．点接触　　B．线接触　　C．面接触

8．校正弯形时，弯形件的圆角半径（　　）。

A．自然形成　　B．等于凹模的圆角半径

C．等于凸模的圆角半径

三、判断题（正确的打“√”，错误的打“×”）

1．自由弯形时，压弯模是保证成形质量的关键。（　　）

2．接触弯形的圆角半径是自然形成的。（　　）

3．接触弯形时，操作者的技术和经验是保证成形质量的关键。（　　）

4．接触弯形或校正弯形主要靠模具解决弹复问题。（　　）

5．制作自由弯形压模时，一般不考虑弹复、偏移等问题。（　　）

6．U形弯形时，凸模、凹模之间的间隙值应等于压形件板料的厚度。（　　）

7．凹模非工件圆角半径小于弯形件相应部分的外圆角半径。（　　）

8．在单角弯形时，将压模角度增大一个弹复角来解决弹复问题。（　　）

9．采用加压校正法解决弹复问题时，主要是减小模具与板料之间的接触面积。（　　）

10．选择压力机床时，只要满足所需弯形力的要求即可。（　　）

四、简答题

1. 压弯成形时材料的成形有哪几种方式？它们各有哪些特点？哪种方式所需的弯形力最大？

2. 接触弯形时通常采用哪些措施解决弹复问题？自由弯形时的弹复问题又如何解决？

3. 为什么冷作工所用压弯模多采用焊接结构？

4. 压弯的一般工艺要求有哪些？

§8—3 滚　　弯

一、填空题（将正确答案填写在横线上）

1．冷滚压成形的允许弯形半径 R 不能以板料的________________径为界线，而应大一些。通常 $R=$________，当 $R<20t$ 时，则应进行________。

2．滚弯成形方法的优点是________，其缺点是__________和__________。

3．滚板机的基本类型有________滚板机、________滚板机和________滚板机三种。

4．当采用对称式三辊滚板机滚弯时，通常采用__________和__________两种措施消除工件的直边段。

5．滚弯件的曲率取决于轴辊间的____________、____________和力学性能。

6．为使滚弯件不出现歪扭现象，板料放入滚床后要找正位置。在三辊滚板机上可利用________或轴辊上的________找正，还可以用__________或________找正。

二、选择题（将正确答案的代号填入括号内）

1．多次滚压会使材料发生冷作硬化，致使弯形件的（　　）严重恶化。

A．力学性能　　B．物理性能　　C．使用性能

2．滚弯件的最小曲率半径（　　）上辊半径。

A．大于　　B．小于　　C．等于

3．滚弯时，板料弯曲变形方式相当于压弯时的（　　）弯形。

A．自由　　B．接触　　C．校正

4．在滚制锥面时，对锥面圆度进行检测时应对（　　）进行检测。

A．小口　　B．大口　　C．大口和小口

三、判断题（正确的打“√”，错误的打“×”）

1．滚弯可使受压位置连续不断地发生变化，所以比压弯的成形质量好。（　　）

2．滚弯只能对板料进行弯形。（　　）

3．对称式三辊滚板机滚弯圆柱面时，工件两端不会出现直边段。（　　）

4．滚制柱面时，不论上辊、下辊是否平行，只要板边平行于下辊即可。（　　）

5．在滚板机上滚制工件时，为取件方便，滚板两端的轴承座都可以做成可拆的。（　　）

6．滚制圆筒后，若需要取下后装配，则将其弯曲曲率滚得稍大于设计要求。（　　）

四、简答题

1. 简述滚弯成形过程，并指出滚弯和压弯的区别。

2. 滚板机的基本类型有哪些？各自的特点如何？

3. 在滚板机上滚制锥面应采取哪些措施？

§8—4 压　延

一、填空题（将正确答案填写在横线上）

1. 压延也称为____________或拉延，是利用模具使一定形状的____________变成开口的____________的冲压工艺方法。

2. 防止起皱的有效办法是________________________。

3. 合理选择凸模、凹模间隙和工作圆角半径，可使板料________________________得以改善。

4. 压延中，凸模圆角处板料厚度__________________，是发生__________________。

5. 压延力的计算与压延件的____________________、尺寸和______________________有关。

二、选择题（将正确答案的代号填入括号内）

1. 在压延圆筒形件时，坯料环形部分的变形（　　）零件的高度。
   A. 增加了　　B. 降低了　　C. 等于

2. 压延模的工作部分具有一定的圆角，并且凸模、凹模间隙（　　）板料的厚度。
   A. 等于　　B. 稍大于　　C. 稍小于

3. 压延中较大的塑性变形还可能引起材料的加工硬化，使进一步压延（　　）。
   A. 较容易　　B. 较困难　　C. 不受影响

4. 变形较大的压延件应采用多次压延的方式，并采取中间（　　）的措施，以消除材料的加工硬化，完成压延工作。
   A. 淬火　　B. 正火　　C. 退火

5. 在压延圆筒形件时，端口部位的厚度（　　）。
   A. 增大　　B. 减小　　C. 不变

三、判断题（正确的打“√”，错误的打“×”）

1. 压延过程中，板料毛坯的中间直径为 d 的部分变成零件的底部，基本不发生变形。（　　）

2. 压延中，为防止材料起皱而采用压边圈时，压边力必须很大。（　　）

3. 在压延圆筒形件时，底部圆角处的厚度增大。（　　）

4. 计算压延件坯料直径时，等面积法是近似的。（　　）

四、简答题

1. 简述压延成形的过程。

2. 压延中，压边力的大小对压延有什么影响？

§8—5 水火弯板

一、填空题（将正确答案填写在横线上）

1. 水火弯板就是利用板材被____________、冷却所产生的____________与横向变形达到弯曲成形的目的。

2. 水火弯板适用于____________的零件成形。

3. 水火弯板一般采用____________，加热线的长度要依据____________和____________而定。

4. 水火弯板的冷却方式有________________和________________两种。水冷又有______________水冷、____________水冷之分。

二、选择题（将正确答案的代号填入括号内）

1. 用火焰局部加热材料时，被加热处金属的膨胀受到周围较冷金属的限制，而产生（　　）应力。

A. 拉伸　　B. 压缩　　C. 内

2. 水火弯板适用于（　　）的零件成形。

A. 曲率较小　　B. 曲率较大　　C. 曲率适中

3. 加热速度的快慢直接影响角变形的大小。加热速度快，成形时的角变形就（　　）。

A. 大　　B. 小　　C. 影响不大

三、判断题（正确的打“√”，错误的打“×”）

1. 水火弯板就是利用板材被全部加热、冷却所产生的角变形与横向变形达到弯曲成形

的目的。 ( )

2．水火弯板不能与滚弯相结合。 ( )

3．水火弯板一般采用线状加热，加热线的长度要依据工件的厚度而定。 ( )

4．加热速度的快慢直接影响角变形的大小。 ( )

5．水火弯板成形质量好，板面光滑、平整、无锤痕，板厚基本不减薄。 ( )

四、简答题

1．水火弯板工艺包括哪些内容？

2．水火弯板具有哪些优点？

§8—6 其他成形方法

一、填空题（将正确答案填写在横线上）

1．爆炸成形是将爆炸物质放在一特制的装置中，点燃爆炸后，在极短的时间内产生__________，使__________，从而达到成形的目的。

2．爆炸成形可以对板料进行多种成形加工，如__________、__________、__________、________、________、压花纹等。

3．电水成形、电爆成形均属于__________，虽然成形能量比爆炸低，但它们具有__________、__________、内部能量容易调整等优点。

二、简答题

1. 爆炸成形的主要特点是什么？

2. 电水成形和电爆成形各有哪些特点？

第九章 装　　配

§9—1 装配的基本条件和定位原理

一、填空题（将正确答案填写在横线上）

1．在金属结构制造过程中，将组成结构的各零件按照__________、__________和__________组合起来的工序称为装配。

2．进行金属结构装配时，必须具备__________、__________和__________三个基本条件。

3．定位是指确定零件在__________的位置或__________的相对位置。

4．尽可能选用________作为定位基准，这样可以避免因________与________不重合而引起较大的__________。

二、选择题（将正确答案的代号填入括号内）

1．任何空间的刚体未被定位时，都具有（　　）个自由度。

A．2　　B．3　　C．6

2．一般情况下，测量中多以（　　）作为测量基准。

A．设计基准　　B．定位基准　　C．装配基准

3．进行钢结构装配时，主要定位基准应选择零件上的（　　）。

A．最长表面　　B．最短表面　　C．最大表面

4．当装配工件上有若干个平面时，应选择（　　）的平面作为装配基准面。

A．适当　　B．较大　　C．较小

三、判断题（正确的打“√”，错误的打“×”）

1．六点定位规则适用于任何形状零件的定位。（　　）

2．当金属结构工件的外形有平面也有曲面时，应以曲面作为装配基准面。（　　）

3．当装配工件上有若干个平面时，应选择较小的平面作为装配基准面。（　　）

4．定位基准与设计基准不重合易引起较大的定位误差。（　　）

四、简答题

1．金属结构装配的含义是什么？进行金属结构装配应具备哪些条件？

2. 试述装配三个基本条件间的辩证关系。

3. 什么是六点定位规则？

4. 什么是定位基准？

5. 金属结构装配的定位基准应如何选择？

§9—2　装配中的测量

一、填空题（将正确答案填写在横线上）

1. 装配中的测量技术包括正确、合理地选择________________，准确而迅速地完成零件____________所需要的____________的测量。

2. 较常用的测量项目有____________、________________、____________、____________及____________等。

3. 冷作工装配中常用____________、____________、水准仪、经纬仪等量具或仪器来测量零件的水平度。

4. 装配中，通常利用________________________测量零件间的角度。

5. 除测量方法外，测量量具____________、____________也是保证测量结果准确的重要因素。因此，在装配测量中，还应注意保护量具______________，并经常__________其____________是否符合要求。

二、选择题（将正确答案的代号填入括号内）

1. 用水平尺测量构件的水平时，气泡总是偏向一侧，则说明气泡偏向的一侧（　　）。

A. 高　　B. 低　　C. 平

2. 使用软管水平仪时，对液体的要求是（　　）。

A. 有颜色　　B. 防冻　　C. 便宜

3. 水准仪不能测量（　　）。

A. 高度　　B. 水平度　　C. 垂直度

三、判断题（正确的打“√”，错误的打“×”）

1. 装配用量具必须经常进行检测，保证其精度符合要求。（　　）

2. 测量两零件间的平行度可以用直接测量法来完成。（　　）

3. 用90°角尺测量相对垂直度是绝对适用的。（　　）

4. 装配中的测量，除测量方法外，测量量具精确、可靠是保证测量结果准确的重要因素。（　　）

5. 线性尺寸就是直线的长度。（　　）

四、简答题

1. 什么是测量基准？

2. 当以定位基准作为测量基准不是最优时，应该如何处理？

3. 采用间接测量法测量线性尺寸时应注意哪些问题？

4. 如何测量两零件间的平行度？

5. 用软管水平仪进行测量时应注意哪些问题？

§9—3　装配的夹具和吊具

一、填空题（将正确答案填写在横线上）

1. 装配夹具对零部件的紧固方式有____________、____________、________________、____________四种。

2. 装配夹具按其夹紧力的来源不同，可分为____________和________________两大类。

3. 螺旋夹具是通过丝杆与螺母间的________________传递外力以紧固零件的，它具有____________、____________、____________、____________、撑等多种功能。

4. 楔条夹具是利用楔条的____________将外力转变为____________，从而达到夹紧零件的目的。

5. 为保证楔条夹具在使用中能自锁，楔条的楔角应小于其____________。

6. 手动夹具包括____________、____________、____________、____________等。

7. 非手动夹具包括____________、____________、____________等。

8. 杠杆夹具是利用杠杆的____________作用夹持或压紧零件的。

9. 偏心夹具是利用一种____________与____________不重合的偏心零件来夹紧的。

10. 偏心夹具根据工作表面外形不同，分为________________和________________两种形式。

11. 偏心夹具的优点是____________，缺点是____________，只能用于____________或____________的场合。

12. 气动夹具是利用____________的压力，通过机械运动施加________________的夹紧装置。

13. 在薄板结构的装配中，广泛采用气动、液压联合夹具，这种夹具的特点如下：把气动灵敏、____________等优点用于____________；把液压工作平稳、能产生________________等优点用于________________。

14. 磁力夹具主要靠磁力吸紧工件，分为____________和____________两种类型。

15. 装配中常用的吊具有________________、________________、________________、________________、____________等。

16. 钢丝绳具有____________、____________、自重轻、弹性较好、____________等优点。其缺点是____________和不适用于吊运________________________的工件。

17. 吊链的特点是____________________、____________________，多用于起吊坯料或____________的重物。使用吊链时，应定期检查链环的____________。

18. 装配中选择千斤顶，要注意其____________、____________、________________等特点。

二、选择题（将正确答案的代号填入括号内）

1. 为保证楔条夹具在使用中能自锁，楔条的楔角 α 一般采用（　　）。

A. 5°~10°　　　　　　B. 10°~15°　　　　　　C. 15°~20°

2. 磁力夹具操作方便，对工件表面质量（　　）。

A. 无影响　　　　　　B. 有些影响　　　　　　C. 影响很大

3. 钢丝绳的特点是（　　）。

A. 挠性好　　　　　　B. 承载能力大　　　　　　C. 可吊运高温工件

三、判断题（正确的打"√"，错误的打"×"）

1. 楔条夹具夹紧零件时，楔条擦伤工件表面的情况是不可避免的。（　　）
2. 杠杆夹具制作简单，使用方便，通用性强，故常被应用。（　　）
3. 自锁是保证偏心夹具能正常使用的必要条件。（　　）
4. 液压夹具的优点是夹紧可靠，工作平稳，维修方便。（　　）
5. 磁力夹具操作方便，而且夹紧力很大。（　　）
6. 用吊链代替钢丝绳吊运重物，主要是因为吊链的强度高于钢丝绳的强度。（　　）
7. 使用吊链时，应定期检查链环的磨损程度。（　　）
8. 用横吊梁吊运各种型钢，可以避免或减小因吊运引起的变形。（　　）
9. 为保证安全，当使用千斤顶顶起重物时，重物下面要随时塞入临时支撑物。（　　）

四、简答题

1. 简述液压夹具的优点和缺点。

2. 简述钢丝绳的优点和缺点。

§9—4　装配的基本方法

一、填空题（将正确答案填写在横线上）

1. 按装配时的结构位置划分，金属结构件的装配方式主要有__________、__________和__________，__________和__________又称立装。

2. 所选的装配方式应有利于工件上各零件的__________、__________和测量，以保证____________________。

3. 工件在装配中的支撑形式分为__________和__________。

4. 装配胎架按其功能分为__________和__________。

5. 装配时常用的定位方法有__________、__________、__________三种。

6. 样板定位是指根据__________，制作相应的样板，作为空间__________，来确定__________的相对位置。

二、判断题（正确的打“√”，错误的打“×”）

1. 选择装配方式时，应使工件在装配中较容易获得稳定的支撑。（　　）

2. 选择装配方式时，应有利于工件上各零件的定位和夹紧。（　　）

3. 选择装配方式时，应有利于装配中的焊接和其他连接。（　　）

4. 选择装配方式时，应与装配场地的大小、起重机械的能力等工作条件相适应。（　　）

5. 圆筒对接时一定要采用卧装。（　　）

三、简答题

1. 冷作工常用的装配平台有哪几种？

2. 选择装配方式时应考虑哪些问题？

§9—5　胎型装配法

一、填空题（将正确答案填写在横线上）

1. 利用装配胎型进行装配，可以显著提高装配____________，保证____________，减轻____________________，同时也易于实现装配工作的______________和______________。

2. 装配胎具设计一般分为________________、________________和________________三个阶段。

二、简答题

装配胎具设计的基本要求有哪些？

§9—6　典型结构的装配

一、选择题（将正确答案的代号填入括号内）

1. 目前大型复杂的结构件制造普遍采用的是（　　）。
　A. 调整装配法　　B. 互换装配法　　C. 部分装配法
2. 选择某基准面来支撑所装配的金属结构件的安装表面称为（　　）。
　A. 支撑　　B. 定位　　C. 夹紧
3. 对于顶部大、底部小的工件，在选择装配方式时一般采用（　　）。
　A. 正装　　B. 倒装　　C. 卧装
4. 对于细高的工件，在选择装配方式时一般采用（　　）。
　A. 正装　　B. 倒装　　C. 卧装
5. 地样装配法主要适用于（　　）装配。
　A. 桁架或板架　　B. 桁架或框架　　C. 框架或容器
6. 对于（　　）的结构，可采用仿形复制进行装配定位。
　A. 桁架　　B. 板架　　C. 断面形状对称
7. 当圆筒外部有钢带圈时，应采取以钢带圈（　　）为始点进行夹紧的方式。
　A. 两端点　　B. 中间点　　C. 随意点

二、简答题

1. 简述金属结构装配中常用的定位方法和各自的特点。

2. 装配中对零件进行夹紧时应考虑哪些因素？

3. 什么是地样装配？它适用于哪种构件的装配？

§9—7　装配的质量检验

一、填空题（将正确答案填写在横线上）

1. 装配工作的好坏直接影响着____________。产品总装后，应进行____________，以鉴定是否符合规定的____________。

2. 装配质量的检验主要是运用____________及使用各种____________、____________进行，有些检查项目（如表面质量）也常采用____________的方法。

3. 金属结构装配质量的检查，依行业和产品类型不同，所执行的________________也有所区别，装配中应严格按工艺文件给定的________________或________________执行。

二、简答题

装配质量的检验主要包括哪些内容？

§9—8　工艺规程的基本知识

一 、填空题（将正确答案填写在横线上）

1. 当工艺过程的有关内容确定后，用____________写出来，作为____________的文件，称为工艺规程。

2. 工艺路线的拟定是编制_________的总体布局，是对工程技术，尤其是对_________的具体运用。

二、简答题

1. 工艺规程的主要内容有哪些？

2. 编制工艺规程的步骤有哪些？

第十章　连　　接

§10—1　铆　　接

一、填空题（将正确答案填写在横线上）

1. 金属结构件的连接方法通常有________、________、________和________四种。

2. 对于承受严重________载荷构件的连接，铆接仍被经常采用。

3. 根据构件的工作性能和应用范围不同，铆接可分为________、________、________。

4. 根据被连接件的相互位置不同，铆接有________、________和________三种形式。

5. 铆钉排列的基本参数是指________、________和________。

6. 实心铆钉按钉头形状不同有________、________、________、________、________等多种形式。

7. 铆钉直径是根据________要求由________确定的。

8. 铆钉长度应根据________、________及________等因素确定。

9. 铆钉孔径与铆钉的配合应根据________、________不同方式而确定。

10. 冷铆要求铆钉有良好的________。铆接机冷铆时，铆钉直径最大不得超过________。铆钉枪冷铆时，铆钉直径一般在________以下。

11. 铆钉受热后钉杆________，________，钉头容易成形。

12. 热铆时穿钉动作要________、________，力求铆钉在________下铆接。

13. 用铆钉枪铆接时，铆钉需加热到________。铆钉的终铆温度应为________。

二、选择题（将正确答案的代号填入括号内）

1. 薄板、有色金属的铆接常用（　　）铆钉。

   A. 平头　　　　B. 平锥头　　　　C. 半圆头

2. 铆钉直径是根据结构强度要求由板厚确定的。单排与双排搭接时取（　　）。

   A. $d \approx (1.5 \sim 1.75)t$

   B. $d \approx 2t$

   C. $d \approx 3t$

3. 钢板与型钢铆接，构件的厚度应该取（　　）厚度。

A. 钢板　　B. 型钢　　C. 两者平均

4. 铆接时，被连接件的总厚度应不超过铆钉直径的（　　）倍。

A. 1　　B. 3　　C. 5

5. 手工冷铆时，铆钉直径通常应该小于（　　）mm。

A. 6　　B. 8　　C. 12

6. 根据国家标准，常用的钢铆钉材料有（　　）。

A. 45　　B. 5B05　　C. Q235

7. 既要具有足够的强度，同时又要求接缝有良好严密性的铆接是（　　）铆接。

A. 强固　　B. 密固　　C. 紧密

8. 在铆接过程中，由于铆钉需承受较大的塑性变形，因此要求铆钉材料须具有良好的（　　）。

A. 塑性　　B. 刚度　　C. 韧性

9. 铆钉的终铆温度过高，会降低（　　）强度。

A. 铆钉　　B. 钢板　　C. 结构

三、判断题（正确的打"√"，错误的打"×"）

1. 铆接常用于承受严重冲击或振动载荷构件的连接。（　　）
2. 强固铆接适用于锅炉、压缩空气罐、压力管路等的铆接。（　　）
3. 铆钉距是指一排铆钉中相邻两个铆钉的距离。（　　）
4. 铆钉的边距是指外排铆钉中心至工件板边的距离。（　　）
5. 铆钉的排距是指相邻两排铆钉中心的距离。（　　）
6. 计算铆钉直径时，厚度相差较大的板料搭接时，取较厚板料的厚度。（　　）
7. 铆钉杆长度用公式计算得出的值是精确的。（　　）
8. 热铆时，为了便于穿钉，钉孔直径应与钉杆直径接近。（　　）
9. 铆接筒形构件时必须在弯形之前钻孔。（　　）
10. 铆接时，铆钉的加热温度越高，其铆接质量和强度越高。（　　）
11. 当铆钉材料塑性差或直径较大时，不适合冷铆，须采用热铆。（　　）
12. 铆接时，顶钉的好坏对铆接的质量影响不大。（　　）
13. 铆接机可以实现空间各种位置的铆接。（　　）
14. 顶把上的凹头形状、规格都应与预制钉头相符，"凹"宜深些。（　　）
15. 热铆过程应尽可能在短时间内迅速完成。（　　）
16. 铆接时压缩空气的压力不能过高或过低，过高会影响铆钉枪的使用寿命，过低则会降低其工作能力。（　　）
17. 铆接时，铆钉枪可以不用"点发"，直接用"连发"即可。（　　）
18. 铆钉枪若长时间不用，可浸在煤油中存放。（　　）
19. 检查铆接质量时，用小锤敲击铆钉头，可凭声音判断铆钉是否松动。（　　）

四、简答题

1. 什么是连接？

2. 什么是铆接？铆接具有哪些特点？

3. 铆接分为哪几种？分别叙述其特点和用途。

4. 铆接的形式有哪几种？

5．铆钉排列的基本参数有哪些？其含义是什么？

6．确定铆接构件板厚的原则是什么？

7．如何确定铆钉直径、铆钉长度和钉孔直径？

8．简述热铆的工艺过程。

9. 热铆时，一般钢铆钉的始铆温度和终铆温度分别是多少？为什么？

五、计算题

1. 有一铆接件总厚度为 50 mm，假定铆钉直径为 16 mm，试计算铆半圆头铆钉杆的长度。

2. 有一铆接件总厚度为 65 mm，假定铆钉直径为 18 mm，试计算沉头铆钉杆的长度。

3. 有一铆接件总厚度为 55 mm，假定铆钉直径为 16 mm，试计算半沉头铆钉杆的长度。

§10—2 螺纹连接

一、填空题（将正确答案填写在横线上）

1. 螺纹连接是利用____________构成的可拆卸的____________。

2. 常用的螺纹连接有________________、________________和________________三种形式。

3. 螺纹连接具有____________、____________、____________、经济等优点。

4. 螺栓连接有两种形式：一种是________________连接，另一种是________________连接。

二、选择题（将正确答案的代号填入括号内）

1. 双头螺柱的旋入端与螺孔的配合应采用（　　）配合。

A. 间隙　　B. 过渡　　C. 过盈

2. 弹簧垫圈防松主要依靠（　　）。

A. 外力　　B. 摩擦阻力　　C. 螺纹预紧力

3. 紧固成组螺栓时，按照一定的顺序，做到分（　　）次拧紧。

A. 1　　B. 3　　C. 5

4. 受剪螺栓的孔与无螺纹杆身部分应采用（　　）配合。

A. 间隙　　B. 过渡或过盈　　C. 基轴制

三、判断题（正确的打“√”，错误的打“×”）

1. 螺纹连接是一种可拆卸的固定连接。（　　）

2. 螺栓连接的螺栓杆身与孔壁之间一定有配合关系。（　　）

3. 螺栓装配时，一般螺栓杆长度应等于被连接件、螺母和垫圈的厚度之和。（　　）

4. 拧紧成组螺栓时，必须按照一定的顺序，做到一次拧紧。（　　）

5. 一般的螺纹连接都具有自锁性，不必采取防松措施。（　　）

6. 防松主要是控制螺母与螺杆之间的相对运动。（　　）

四、简答题

1. 螺纹连接有哪几种？分别叙述其特点。

2. 双头螺柱的装配方法有哪几种？各自的特点有哪些？

3. 螺纹连接的防松措施有哪几种？各自的特点有哪些？

§10—3 焊 接

一、填空题（将正确答案填写在横线上）

1. 焊接电弧由__________、__________和__________三部分组成。

2. 使用直流电焊机焊接时，工件接________而焊条接________叫作正接法，适用于________焊接。

3. 按焊条药皮熔化后形成熔渣的化学性质，可将焊条分为________和________两种。

4. 弧焊整流器是一种将交流电__________、__________转换成直流电的弧焊电源。

5. 弧焊整流器有__________、__________、__________等。

6. 逆变整流弧焊电源________是一种新型节能弧焊电源，具有________、________、________、________、________、________等优点。

7. CO_2焊采用交流电源焊接时，__________，__________，所以必须使用直流电源。

8. CO_2半自动焊送丝系统由__________、__________、__________等组成。

9. CO_2半自动焊焊枪的作用是__________、__________、__________。

10. 构件焊接接头形式可分为________、________、________及________四种。

11. 焊缝按空间位置不同分为________、________、________和________四种形式。

12. 焊接电流主要取决于________、________和________。

13. 焊接应力包括________和________。

14. 根据焊接变形对结构的影响不同，可分为________和________两类。

15. 整体变形是指整个结构的________或________发生变化，如________、________和________等。

16. 焊接变形常用的矫正方法有________和________两大类。

二、选择题（将正确答案的代号填入括号内）

1. 使用直流电焊机时，工件接负极而焊条接正极叫作（　　）。
   A. 正接法　　B. 反接法　　C. 其他接法
2. 焊接电弧中温度为2 600 ℃的是（　　）。
   A. 阴极区　　B. 阳极区　　C. 弧柱
3. 当焊接部位的锈蚀、油污等很难清除时，应选用（　　）焊条。
   A. 酸性　　B. 碱性　　C. 酸性、碱性都可以
4. 在厚板多层焊接时，底层焊缝的焊条直径一般不超过（　　）mm。
   A. 4　　B. 5　　C. 6
5. 使用碱性焊条时，焊接电流与酸性焊条相比应（　　）。
   A. 小一些　　B. 相同　　C. 大一些
6. 焊接时，若熔渣与铁液很难分清，焊缝窄而高，则焊接电流（　　）。
   A. 过大　　B. 合适　　C. 过小
7. 平焊时，沿焊接方向焊条与焊件之间的夹角应为（　　）。
   A. 90°　　B. 65°~80°　　C. 45°
8. 焊接过程中构件由于受到限制不能自由收缩，则焊后（　　）。
   A. 变形大　　B. 残余应力大　　C. 变形和残余应力都很大
9. 焊件变形量的大小取决于结构的刚度。结构刚度越高，焊后引起的变形量（　　）。
   A. 越小　　B. 越大　　C. 大小不一定
10. 当焊缝不对称时，为了减小焊后变形，焊接顺序应为（　　）。
    A. 先焊焊缝多的一侧　　B. 先焊焊缝少的一侧　　C. 同时进行
11. 对于焊接性较差的中碳钢及合金钢，应采用（　　）法减小焊后变形。
    A. 刚性固定　　B. 焊后速冷　　C. 反变形
12. 为了防止焊接薄板时出现波浪变形，可采用（　　）法。
    A. 刚性固定　　B. 焊后速冷　　C. 反变形

三、判断题（正确的打“√”，错误的打“×”）

1. 手工电弧焊属于熔化焊。 ( )
2. 用直流电焊机时，工件接正极而焊条接负极称为正接法。 ( )
3. 使用交流焊机时，工件接负极而焊条接正极称为正接法。 ( )
4. CO_2焊采用交流电源焊接时，电弧不稳定，飞溅较小。 ( )
5. CO_2半自动焊焊枪的作用就是导电。 ( )
6. 如果在焊接部位有锈蚀、油污等并很难清除时，应选用碱性焊条。 ( )
7. 构件受冲击载荷作用时应选用酸性焊条。 ( )
8. 对于特殊钢，要选用主要合金元素与母材相同或接近的焊条。 ( )
9. 如果母材的含碳量较高，或含硫、磷较多，焊后易裂时，可选用低氢型焊条。 ( )
10. 直流弧焊发电机是目前应用最为广泛的电焊机。 ( )
11. 焊条直径主要取决于焊件的厚度，若厚度较小，应选用较大直径的焊条。 ( )
12. 在立焊时，为了避免熔化的铁液从熔池中流出，应使熔池大一些。 ( )
13. 在立焊或仰焊时，使用相同直径的焊条，所选择的电流应比平焊时小。 ( )
14. 在焊接过程中，若出现“咬肉”现象，说明焊接电流过大。 ( )
15. 在焊接过程中，为了保持一定的电弧长度，必须将焊条向熔池方向送进。 ( )
16. 焊钳的握法有两种，平焊时一般采用反握法。 ( )
17. 焊接结束后要马上清除药皮，否则温度降低后将很难清除。 ( )
18. 如果在焊接过程中焊件能自由收缩，则焊后焊件的变形较大。 ( )
19. 采用刚性固定法焊接的焊件，残余应力较小。 ( )
20. 对称分布的焊缝，一般要对称进行焊接，以使各焊缝引起的变形相互抵消。 ( )
21. 构件焊缝分布不对称时，一般应先焊焊缝少的一侧，后焊焊缝多的一侧。 ( )
22. 为了减小中碳钢及合金钢的焊接变形，可采用刚性固定法。 ( )

四、简答题

1. 什么是焊接电弧？焊接电弧的构造及温度如何分布？

2. 正极性接法与反极性接法有哪些不同？使用交流弧焊机时为什么不需要选择极性？

3. CO_2供气系统由哪些部分组成？

4. 电焊条由哪几部分组成？各部分的作用是什么？

5. 确定焊接电流大小的因素有哪些？

6. 什么是应力？焊接应力包括哪几种？产生焊接应力的根本原因是什么？

7. 什么是弹性变形？什么是塑性变形？

8. 控制焊接变形的措施有哪些？

9. 焊接变形的矫正方法有哪几种？对合金钢焊件变形的矫正应注意哪些事项？

§10—4 胀　　接

一、填空题（将正确答案填写在横线上）

1．胀接的结构形式一般有______________、______________、__________________和______________等。

2．胀管器的种类较多，其结构有____________、____________和____________等。

3．为了得到良好的胀接接头，在胀接时管子的____________必须____________。

4．管子与管板孔之间的间隙过大会降低____________，影响____________；间隙过小会给____________带来困难。

5．管壁和管孔壁的表面粗糙度合适与否直接影响____________和____________。

二、简答题

1．什么是胀接连接？它的特点有哪些？

2．简述前进式胀管器胀杆的自动进给原理。